MÉMOIRES

SUR

LA CHALEUR.

MÉMOIRES

SUR

LA CHALEUR,

PAR

LE COMTE DE RUMFORD, V. P. R. S.

ASSOCIÉ ÉTRANGER DE L'INSTITUT NATIONAL, etc. etc.

A PARIS,

CHEZ FIRMIN DIDOT, LIBRAIRE, ET FONDEUR EN CARACTERES D'IMPRIMERIE, RUE DE THIONVILLE, N°s 116 ET 1850.

AN XIII. — 1804.

ARTICLES CONTENUS DANS CET OUVRAGE.

NOTICE

HISTORIQUE.

Il est permis, sans doute, à un auteur qui sollicite l'attention du public pour un ouvrage sur un sujet qui est en même-temps profond, et d'une grande importance, de commencer par exposer modestement ses titres à être écouté; or, les titres d'un physicien à l'attention et à la confiance des savants, ne peuvent être fondés que sur ses travaux; sur ses longues et attentives observations; et sur des expériences profondément méditées, et soigneusement exécutées.

Il y a très-long-temps que *la chaleur* fait l'objet favori de mes recherches. Ce fut en lisant l'excellent traité de Boerhaave sur le feu, à l'âge de 17 ans, que je me suis attaché à ce sujet; et si, appelé depuis à d'autres travaux, j'ai quelquefois été obligé de l'abandonner, j'y suis constamment revenu, et toujours avec un nouveau plaisir, aussi souvent que j'ai trouvé un moment de loisir; et même au milieu d'autres occupations, mon esprit est toujours resté si préoccupé de ce sujet de méditation, que tous les événements qui avaient la moindre liaison avec lui, qui passaient sous mes yeux, ne manquaient jamais d'éveiller toute ma curiosité, et de fixer mon attention.

C'est à cette habitude de saisir avec avidité, et d'examiner avec soin tous les phénomenes qui se passent à l'entour de moi, qui ont le moindre rapport avec la chaleur et ses opérations, que je dois l'idée de presque toutes les expériences que j'ai faites sur ce sujet.

Occupé en 1778 à faire des recherches sur la force de la poudre à canon, et la vîtesse des balles projettées par des armes à feu, j'avais occasion de tirer souvent, avec des charges différentes, un canon de fusil, qui était suspendu à nu (ou sans son affut), par deux baguettes de fer, dans une position horisontale, à la hauteur de 4 pieds au-dessus de la surface de la terre (1), j'eus occasion d'observer un phénomene qui me frappa fortement.

Comme ces expériences avaient pour objet principal de déterminer, par le recul du canon, la vîtesse avec laquelle la balle était projétée, il fallait commencer par déterminer combien le poids de la poudre qui était employée pour chasser la balle, contribuait au recul; et pour décider cette question, je fis plusieurs expériences consécutives, avec la même charge de poudre, tantôt *sans balle*, et tantôt avec une, deux, trois, et même quatre balles, placées les unes sur les autres.

(1) On trouvera les détails de ces expériences dans le 71e vol. des *Transactions philosophiques*; et aussi dans le premier vol. de mes *Philosophical Papers*, publié à Londres, par Cadel et Davies, libraires, l'année 1802.

J'étais dans l'habitude de saisir avec la main gauche le canon, aussitôt après chaque décharge, pour le tenir pendant que je l'essuyais en dedans avec une baguette garnie d'étoupes; et j'étais fort surpris de trouver que le canon était beaucoup plus échauffé par l'explosion d'une charge de poudre donnée, quand il n'y avait point de balle devant la poudre, que quand une ou plusieurs balles étaient chassées par la charge.

Jusqu'alors j'avais regardé la chaleur qu'acquiert une arme à feu, quand on la tire, comme provenant immédiatement de celle qui résulte de la combustion de la poudre, communiquée par la flamme; mais le résultat de cette expérience me fit voir que cette opinion était certainement erronée.

Si c'était par la flamme de la poudre qu'une arme à feu fut échauffée, comme, avec une charge quelconque donnée, de poudre, tirée sans balle, la flamme reste moins long-temps dans le canon que quand la même quantité de poudre est employée à chasser une ou plusieurs balles, le canon devrait se trouver plus échauffé dans ce dernier cas que dans le premier; mais c'est justement le contraire que l'expérience fit voir; donc, ce n'est pas par la flamme de la poudre qu'une arme à feu est échauffée, mais bien par le coup sec que reçoivent les parois du canon, par l'effort soudain et momentanée du fluide élastique qui est formé dans la combustion de la poudre.

Tout le monde sait qu'un coup sec est beaucoup plus propre à exciter de la chaleur dans un corps dur qui est frappé, qu'un coup moins rapide ; et s'il est vrai que la chaleur n'est autre chose qu'un mouvement continuel vibratoire (plus ou moins rapide), parmi les particules qui composent les corps, il serait facile de rendre raison de cette différence.

Il est évident que dans l'expérience en question, le coup que recevaient les parois du canon par l'explosion de la poudre était plus sec, ou plus prompt quand la charge était brûlée sans balle, que quand le fluide élastique généré dans la combustion de la poudre était obligé, pour échapper, de pousser lentement devant lui la masse pesante d'une ou de plusieurs balles : la considération de cette circonstance suffit, à ce qu'il me semble, pour expliquer d'une maniere satifaisante les résultats de l'expérience ; mais jamais je n'ai pu les accorder avec l'hypothese du *calorique.*

L'incident dont je viens de rendre compte fit une profonde impression sur mon esprit ; et je ne tardai que le temps qu'il fallut pour me procurer les instruments nécessaires à entreprendre une suite de recherches sur la chaleur, qui me parurent propres à donner quelque lumiere de plus sur sa nature et sa maniere d'agir.

Mon projet était de commencer par une suite de recherches sur ce qui a été appelé depuis la *chaleur spécifique* de différents corps : à cet effet, je fis faire, par M. *Fraser*, de *New-Bond Street*, à Londres (actuellement fabriquant d'instruments de physique et de mathématiques de S. M. le Roi), un grand nombre de boules solides, toutes du même diametre précisément (un pouce); il y en avait d'or pur, d'argent pur, et généralement de tous les métaux, et de plusieurs autres substances solides, faciles à travailler au tour; chaque boule étoit suspendue par un fil mince de soie, et elles étaient destinées à être échauffées dans des liquides, à des températures connues, et ensuite plongées dans une certaine quantité d'eau, relativement froide, à une température donnée. Je conclus que le nombre de degrés de chaleur (déterminé par le thermometre), communiqué à cette petite masse d'eau froide, par la boule, suffirait pour déterminer les quantités relatives de chaleur nécessaire, afin d'élever, d'un même nombre de degrés la température de la boule, et celle d'une masse d'eau d'égal volume.

Je commençai ces expériences; mais la guerre qui m'appela en Amérique, avant que de pouvoir les finir, interrompit ces recherches pendant quelques années; et à mon retour en Angleterre, après la paix de 1783, je trouvai que M. Wilkie, en Suede, avait exécuté précisément ce que j'avais médité : comme je ne pouvais douter de la précision des expériences de ce savant, l'appareil que j'avais préparé pour les miennes, devenu inutile, fut mis de côté.

Je partis d'Angleterre l'année suivante, pour m'établir en Baviere, au service de feu l'électeur palatin de Baviere ; et je pris quelques uns de ces instruments avec moi, qui se trouvent actuellement dans le cabinet de physique de l'académie militaire à Munich.

Si, depuis plus de vingt ans, je n'ai fait aucune mention, dans aucun de mes écrits, ni de ce projet et de mes préparatifs d'expériences, ni des expériences réellement faites par moi, analogues à celles de M. Wilkie, c'est parce que j'ai toujours eu en aversion le caractere d'un homme qui cherche à s'attribuer les découvertes des autres. Si j'en parle dans ce moment-ci, c'est plutôt pour faire voir que j'ai long-temps médité le sujet que je traite, que pour aucune raison fondée sur l'amour-propre.

Ma situation à la cour de Munich, auprès d'un Prince qui aimait véritablement les sciences, me fournit pendant quatre ans une occasion de poursuivre mes recherches physiques presque sans interruption ; et j'en profitai pour faire un grand nombre d'expériences sur la chaleur.

Pendant les années 1785 et 1786, j'étais occupé à faire des expériences sur la propagation de la chaleur à travers diverses substances. Les détails de ces expériences sont consignés dans deux mémoires qui sont publiés dans les Transactions Philosophiques de la Société Royale de Londres ; le premier, dans le soixante-seizieme volume ; et le second, dans le quatre-vingt-troisieme. Ce dernier mémoire m'a valu la médaille annuelle de la Société (1).

Ce fut pendant l'été de 1785 que je découvris que la chaleur pouvait être propagée ou excitée à travers le vide de Torricelli.

Comme cette découverte a beaucoup contribué à l'opinion que j'ai adoptée depuis, touchant la nature de la chaleur, il ne sera pas inutile de rendre compte ici de l'expérience par laquèlle le fait en question a été établi : le voici;

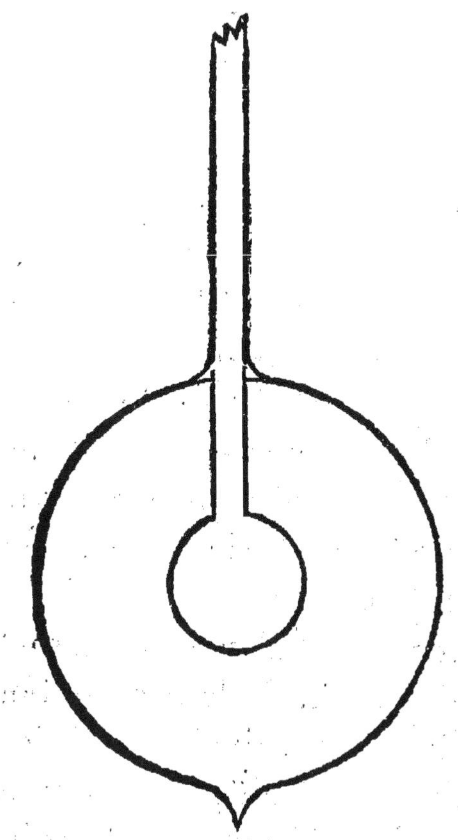

(1) Ces mémoires furent publiés ensuite, c'est-à-dire l'année 1797, dans mon huitieme Essai, qui a été traduit en français, et publié à Genêve.

Un ouvrier habile, *Arteria*, de Manheim, ayant réussi à fixer solidement la boule spérique d'un thermometre à mercure, d'un demi-pouce en diametre, au centre d'une autre boule (de verre), d'un pouce et demi de diametre, on remplit de mercure l'espace compris entre la surface extérieure de la boule du thermometre, et la surface intérieure de la grande boule, par le moyen d'un long tube barométrique qui fut soudé à une petite projection ou ouverture en forme de pointe, appartenant à la grande boule, laquelle pointe se trouvait en bas quand le thermometre qui était attaché à la grande boule se trouvait dans sa position naturelle verticale.

Aussitôt que l'espace dans la grande boule, qui n'était point occupé par le thermometre, eut été rempli de mercure, aussi bien que le tube barométrique, soudé à la boule, qui avait trente-six pouces de long, l'extrémité de ce tube fut submergée dans du mercure contenu dans un bassin, et le tube fut renversé et placé dans une position verticale, avec la grande boule (contenant le thermometre) en haut.

L'instrument étant alors devenu un barometre, le mercure descendit de la grande boule et de la partie supérieure du tube barométrique, jusqu'à la hauteur de vingt-huit pouces au-dessus du niveau de la surface du mercure dans le bassin, où il demeura stationnaire; son poids étant balancé par la pression de l'atmosphere; pour lors on approcha une bougie allumée à la partie supérieure du tube, près de sa jonction avec la boule, où le diametre du tube avait été préalablement diminué, et par le moyen d'un chalumeau, on dirigea la pointe de la flamme contre la partie du tube où on voulut le sceller.

Le verre étant ramolli par la chaleur, la pression de l'atmosphere ne tarda pas à forcer les parois du tube en dedans, et l'opération fut heureusement terminée sans accident.

On détacha ensuite le tube barométrique, et la boule du thermometre resta (comme il est représenté dans la figure précédente) entourée de tous les côtés par un espace vide d'air; et le thermometre ayant été rempli préalablement de mercure, et fourni d'une échelle, on peut facilement se figurer mon impatience à voir si la chaleur serait en état ou non de franchir cet intervalle.

Ayant exposé cet appareil dans un baquet d'eau à la température de 18° du thermometre de Réaumur, jusqu'à ce que je fusse assuré (par le moyen de l'échelle de l'instrument) que la boule du thermometre, remplie de mercure, qui se trouvait au centre de la boule vide d'air, était à la température de 18° R, j'ôtai l'instrument du baquet, et je le plongeai dans un vase rempli d'eau bouillante, où je le tins pendant plusieurs minutes; l'eau dans le vase étant constamment entretenue en ébullition par le moyen d'une lampe.

Comme le mercure, dans le tube du thermometre, montait, quoique lentement, il était évident que la chaleur de l'eau bouillante passait, *à travers le vide*, dans la boule du thermometre.

Voici la marche du mercure dans le tube du thermometre.

Après que l'instrument eut été une min. trente secondes dans l'eau bouillante, le mercure se trouva monté de 18° à 27°; à la fin de la quatrieme minute, il était à 44 $\frac{9}{10}$°, et à la fin de la cinquieme minute, il était à 48 $\frac{1}{5}$°.

Pour déterminer les vîtesses relatives du passage de la chaleur dans le vide et dans l'air, je cassai le bout du petit tube pointu qui restait au fond de la grande boule, et je laissai entrer l'air dans cette boule, et après avoir scellé une seconde fois le bout de ce tube, à la flamme d'une bougie, je refroidis l'instrument de nouveau dans de l'eau, et quand il eut acquis la température de cette eau, celle de 18°, je répétai l'expérience avec l'eau bouillante.

Le mercure, dans le tube du thermometre, monta beaucoup plus vîte qu'il n'avait fait dans l'expérience précédente.

On verra par la table suivante la marche de l'échauffement dans les deux expériences.

Le réservoir sphérique du thermometre du mercure placé au centre d'une boule de verre d'un pouce et demi de diametre, étant plongé dans l'eau bouillante,

	Vide d'air.			*Rempli d'air.*		
	EXPÉRIENCE N° 1.			EXPÉRIENCE N° 2.		
	Temps écoulé.		Température.	Temps écoulé.		Température.
			18°			18°
	min.	sec.		min.	sec.	
Après	1	30	27°	0	45	27°
	4	0	44 $\frac{9}{10}$°	2	10	44 $\frac{9}{10}$°
	5	6	48 $\frac{1}{5}$°	5	0	60 $\frac{9}{10}$°

On voit par les résultats de ces expériences que la chaleur passe presque deux fois plus vîte dans l'air que dans le vide.

Je fis plusieurs autres expériences de ce genre, et avec des résultats semblables : il serait trop long d'en donner les détails ici : on les trouvera dans mon mémoire, publié dans les Transactions Philosophiques, et dans mon huitieme Essai.

Je fis construire d'autres appareils de cette espece ; je répétai et variai mes expériences : tantôt j'observai le temps de leur refroidissement, et ensuite de leur échauffement ; tantôt dans l'air, et tantôt dans l'eau. Dans toutes ces expériences, la boule du thermometre, qui se trouvait entourée d'un vide, s'échauffait, et se refroidissait ; mais à-peu-près deux fois plus lentement que lorsqu'elle était entourée d'air.

Le passage de la chaleur dans le vide était un fait d'une si haute importance dans la recherche de la nature de la chaleur, que je desirai le constater par des expériences les plus décisives.

Comme la partie du tube du thermometre qui se trouvait dans l'intérieur de la grande boule de verre était en contact avec cette boule, et pendant que le reste du tube était en contact avec l'air, ou l'eau, dans laquelle l'appareil était exposé à se refroidir ou à s'échauffer, l'on pourrait soupçonner qu'une partie de la chaleur que la boule du thermometre, entourée du vide, perdait, ou gagnait, était communiquée par le tube du thermometre : pour ôter toute incertitude à ce sujet, je trouvai le moyen de faire l'expérience avec un thermometre suspendu par un simple fil de soie, très-mince, au milieu du vide (fait avec le mercure), dans un matras de verre qui était assez haut pour recevoir et enfermer le thermometre avec son tube.

Les résultats des expériences qui furent faites avec cet appareil, ne différaient pas sensiblement des résultats de celles faites avec les autres, dont je viens de rendre compte, et *la propagation de la chaleur à travers le vide de Torricelli resta démontré.*

Il y a plus de dix-huit ans que ces expériences ont été connues de tous les savants : comment peut on accorder leurs résultats avec la théorie moderne du calorique ? J'avoue franchement qu'avec la meilleure volonté, je n'ai jamais pu le faire, parce que je n'ai jamais pu croire que la chaleur peut être communiquée *de deux manieres différentes.*

Les savans ont peu parlé de ces expériences; il ne me convient point d'expliquer leur silence: si je n'en ai plus parlé moi même, la raison de mon silence est bien simple; au moins j'ai fait voir assez clairement les doutes que les résultats de ces expériences pouvaient inspirer.

Je fis plusieurs autres expériences pour déterminer les vîtesses relatives avec lesquelles la chaleur passe dans le mercure: l'eau; l'air commun ou atmosphérique; l'air saturé d'humidité; le gaz acide carbonique; et l'air commun à différents degrés de densité.

Dans une suite d'expériences que je fis l'année 1787, et qui furent publiées dans les Transactions Philosophiques en 1792, je me suis principalement attaché à déterminer le pouvoir conducteur de différentes substances, par rapport à la chaleur, et sur-tout des substances que l'on emploie pour des vêtements : l'instrument que j'employai dans ces recherches, que j'ai appelé *thermometre de passage*, differe très-peu de l'appareil que je viens de décrire : la boule, d'un demi-pouce de diametre, d'un thermometre à mercure, étant placée au centre d'une boule de verre d'un pouce et demi de diametre, terminée par un long goulot cylindrique, et l'espace entre la surface extérieure de la boule du thermometre, et celle de la surface intérieure de la grande boule de verre étant rempli par une quantité donnée d'une substance quelconque, l'instrument fut refroidi dans un mêlange d'eau et de glace pilée, et quand le thermometre indiqua que sa boule (qui se trouvait enveloppée au centre de la grande boule) avait acquis la température constante de cette mixture frigorifique (c'est-à-dire celle du zéro du thermometre de Réaumur), l'appareil fut sorti de cette mixture froide, et plongé dans de l'eau bouillante, et le temps employé dans l'échauffement de la boule du thermometre, de 10 degrés en 10 degrés, à travers la substance qui l'entourait, fut soigneusement observé et enregistré.

Comme l'eau bouillante dans laquelle l'appareil

fut échauffé était entretenue constamment en ébullition, il est évident que les dehors de l'instrument, c'est-à-dire la surface extérieure de la grande boule de verre, était toujours à la même température; et l'échauffement plus ou moins rapide de la boule du thermometre, qui se trouvait au centre de la grande boule, indiquait la résistance que l'enveloppe de la boule opposait au passage de la chaleur, de la surface intérieure de la grande boule, dans la boule du thermometre.

Je fis plusieurs expériences de cette maniere; mais ayant trouvé que la vapeur de l'eau bouillante m'incommodait beaucoup, et rendait difficile l'observation du mouvement du mercure dans le tube du thermometre, je changeai l'ordre des choses de la maniere suivante : au lieu d'observer les temps employés dans l'*échauffement* de l'instrument, j'observai ceux qui furent employés dans son *refroidissement.*

Ayant échauffé l'appareil dans de l'eau bouillante, jusqu'à ce que son thermometre marquât 77° de son échelle (qui fut celle de Réaumur), et pour lors, le sortant de l'eau bouillante, je le tins à la main, dans l'air, immédiatement au-dessus d'un grand baquet rempli d'un mélange d'eau et de glace pilée, prêt à être plongé dans cette mixture frigorifique, à l'instant où le mercure serait descendu au 75°.

Arrivé à cette divison de l'échelle, je plongeai l'appareil dans la mixture frigorifique, et ayant à mon oreille une montre qui battait les demi-secondes, que je comptais, j'observai (et notai ensuite sur un registre) l'instant où le mercure descendit à 70°.

J'observai de même le moment de l'arrivée du mercure à 60°, et ainsi de suite, de 10 degrés en 10 degrés, jusqu'à ce que l'appareil fut refroidi à la température de 10°.

L'appareil fut quelquefois refroidi jusqu'au zéro du thermometre ; mais comme cela demandait beaucoup de temps, et ne servait à rien, le refroidissement du soixante-dixieme degré jusqu'au dixieme, étant tout-à-fait suffisant pour déterminer le pouvoir conducteur d'une enveloppe quelconque, je mettais ordinairement fin à l'expérience aussitôt que le mercure avait passé le point de 10°.

Pendant le refroidissement de l'appareil dans la mixture frigorifique, il fut continuellement promené lentement dans cette mixture, d'un endroit à un autre, et il y avait toujours assez de glace mêlée avec l'eau pour que la température du mélange fut constamment la même partout.

Comme dans ces expériences, la boule du thermometre placée au centre de la grande boule de verre, fut toujours entourée immédiatement de *l'air* qui se trouvait dans la grande boule, aussi bien que par les substances desquelles les enveloppes furent formées, je fis quelques expériences pour déterminer le temps employé dans le refroidissement de la boule du thermometre quand la grande boule ne contenait que de l'air, et je trouvai qu'il se refroidissait du point de 70° à celui de 10° R, en 576 secondes, quand l'appareil était refroidi dans un mélange d'eau et de glace pilée, après avoir été échauffé dans l'eau bouillante.

Dans la table suivante, on verra les résultats de plusieurs expériences faites dans la vue de déterminer la chaleur relative des différentes substances que l'on emploie pour faire des vêtements.

Une même quantité, déterminée par le poids (16 grains, poids de Troy) de chaque substance, fut enfermée dans la grande boule, et distribuée aussi uniformément que possible dans son intérieur, à l'entour de la boule du thermometre.

REFROIDISSEMENT.	SUBSTANCES employées pour l'enveloppe							
	de l'air.	de la soie crue.	de la laine.	du coton.	de la charpie de toile fine.	de la fourrure de castor.	de la fourrure de lapin.	de l'édredon.
	Tem.	Temps	Temps	Temps	Temps	Temps	Temps	Temps
de 70° à 60°	38″	94″	79″	83″	80″	99″	97″	98″
60° à 50°	46	110	95	95	93	116	117	116
50° à 40°	59	133	118	117	115	153	144	146
40° à 30°	80	185	162	152	150	185	193	192
30° à 20°	122	273	238	221	218	265	270	268
20° à 10°	231	489	426	378	376	478	494	485
de 70° à 10°	576	1284	1118	1046	1032	1296	1315	1305

Pour voir comment *la densité* d'une enveloppe ou vêtement d'une épaisseur donnée, influerait sur la chaleur de cette enveloppe, ou sur sa faculté de confiner la chaleur, je fis trois expériences consécutives, avec différentes quantités de la même substance, l'édredon. Dans la premiere, j'employai 16 grains de cette substance; dans la seconde, 32 grains; et dans la troisieme, 64 grains: j'employai toujours le même appareil; par conséquent, l'épaisseur de l'enveloppe fut toujours la même.

On verra les résultats de ces trois expériences dans la table suivante.

REFROIDISSEMENT.	L'enveloppe d'édredon fut composée des quantités suivantes de cette substance.		
	16 grains.	32 grains.	64 grains.
	Temps.	Temps.	Temps.
de 70° à 60°	97″	111″	112″
60 à 50	117	128	130
50 à 40	145	157	165
40 à 30	192	207	224
30 à 20	267	304	326
20 à 10	486	565	658
de 70° à 10°	1304″	1472″	1615″

Ayant trouvé par ces expériences que *la densité* d'une enveloppe ou vêtement ajoute beaucoup à sa faculté de confiner la chaleur, son épaisseur restant la même, je cherchai à découvrir de quelle maniere sa structure intérieure, ou sa charpente, influerait sur cette faculté, sa densité moyenne et son épaisseur restant les mêmes.

Par *structure intérieure*, j'entends la distribution plus ou moins égale de la substance dont l'enveloppe est formée, dans l'espace qu'elle occupe; par exemple, cette substance peut être très-divisée, ou menue, comme la soie crue, et uniformément distribuée dans tout l'espace; où elle peut être plus grossiere, avec de plus grandes interstices, comme une enveloppe formée de petits morceaux de fil grossier, à coudre, ou de charpie.

Si la chaleur passait *à travers* les substances que l'on emploie pour former un vêtement, et si le pouvoir d'une enveloppe pour la contenir dépendait de la difficulté plus ou moins grande que la chaleur trouve à frayer sa route à travers les particules solides dont cette enveloppe est formée, dans ce cas, la chaleur vestimentale d'une enveloppe devrait être, toutes autres choses égales, comme la quantité de la substance que l'on emploie pour la former; mais les expériences précédentes, aussi bien que celles dont nous allons rendre compte, font voir que ce n'est pas de cette maniere que la chaleur est propagée.

Ayant déterminé par une des expériences précédentes la chaleur vestimentale de 16 grains de soie crue, distribuée uniformément à l'entour de la boule du thermometre, dans un espace donné, je répétai l'expérience deux fois, mais au lieu d'employer la soie crue, j'entourai la boule du thermometre, premierement avec 16 grains d'une espece de charpie formée d'un morceau de taffetas blanc, et secondement, avec 16 grains de fil de soie (à coudre) blanc, coupé en bouts de deux pouces de longueur : la table suivante fait voir les résultats de ces expériences; l'appareil ayant été échauffé dans l'eau bouillante, fut refroidi dans un mélange d'eau et de glace pilée.

REFROIDISSEMENT.	SUBSTANCES employées pour former l'enveloppe.		
	16 grains de soie crue.	16 grains de charpie de taffetas.	16 grains de morceaux de fil de soie.
	Temps.	Temps.	Temps.
de 70° à 60°	94″	90″	67″
60 à 50	110	106	79
50 à 40	133	128	99
40 à 30	185	172	135
30 à 20	273	246	195
20 à 10	489	427	342
de 70° à 10°	1284″	1169″	917″

Ayant trouvé par ces expériences que la petitesse des particules, ou filaments, d'une substance que l'on emploie pour former une enveloppe, contribue beaucoup à sa chaleur vestimentale, je fis les expériences suivantes pour déterminer l'effet que produirait la *condensation* d'une enveloppe, en diminuant son épaisseur, la quantité de la substance employée pour la former restant la même.

Ayant déterminé, par les expériences précédentes, la chaleur vestimentale d'enveloppes composées de soie crue, de laine, de coton, et de linge; quand une quantité donnée, 16 grains, de chacune de ces substances fut employée à former à l'entour de la boule du thermometre, d'un demi-pouce de diametre, une enveloppe sphérique d'un demi-pouce d'épaisseur; prenant actuellement 16 grains de fil, de grosseur moyenne, de chacune de ces quatre substances, je fis quatre nouvelles expériences.

Le fil que j'employai, au lieu d'occuper tout l'espace compris entre la boule du thermometre et la surface intérieure de la grande boule, au centre de laquelle elle était placée, fut dévidé sur la boule du thermometre, de maniere à lui donner l'apparence d'un petit peloton sphérique de fil.

La boule du thermometre ainsi couverte fut placée, comme auparavant, au centre d'une boule de verre d'un pouce et demi de diametre, qui avait un goulot (long de dix pouces) assez large pour recevoir la boule du thermometre, ainsi couverte, et son échelle.

La table suivante montre les résultats de ces quatre expériences ; et afin que l'on puisse les comparer facilement avec celles qui furent faites avec les mêmes quantités des mêmes substances, distribuées autrement, j'ai placé dans cette table les résultats des deux expériences à comparer, l'une à côté de l'autre.

REFROIDISSEMENT.	SEIZE grains de chacune des substances suivantes furent employées pour former l'enveloppe de la boule du thermometre.							
	SOIE		LAINE		COTON		LIN	
	crue.	en fil.	crue.	en fil.	cru.	en fil.	cru.	en fil.
de 70° à 60°	94″	46″	79″	46″	83″	45″	80″	46″
60 . . 50	110	62	95	63	95	60	93	62
50 . . 40	133	95	118	89	117	83	115	83
40 . . 30	185	121	162	126	152	115	150	117
30 . . 20	273	191	238	200	221	179	218	180
20 . . 10	489	399	426	410	378	370	376	385
70 . . 10	1214	904	1118	934	1046	852	1032	873

Il serait trop long de rapporter ici toutes les différentes expériences que j'ai faites dans mes recherches sur la propagation de la chaleur à travers différentes enveloppes : on trouvera tous les renseignements que l'on peut desirer sur cet objet, dans mes Mémoires, qui sont déjà publiés : j'en ai assez dit ici pour faire voir la marche que j'ai suivie dans mes recherches, dès leur commencement, et l'objet que j'ai eu constamment en vue : c'est aux savants à décider si la route que j'ai prise était bien choisie, et si je l'ai poursuivie avec persévérance et avec suite.

Voici quelques remarques et observations que les résultats de mes expériences firent naître alors (1).

« Toutes les différentes substances que j'avais jusqu'alors employées pour envelopper la boule du thermometre (enfermée au centre d'une boule de verre d'un pouce et demi de diametre), avaient confiné plus ou moins la chaleur, ou l'avaient embarrassée à son passage, dans ou hors de la boule du thermometre ; — mais voici la grande question qui reste encore à résoudre : comment, ou par quelle opération mécanique ces enveloppes ont-elles produit cet effet ? »

« D'abord, il est clair que ce n'est point simplement en conséquence des pouvoirs *non conducteurs* des substances dont ces enveloppes ont été faites (considérés comme opposant une barriere à la chaleur dans son passage), que le refroidissement de la boule du thermometre a été retardé ; car si, au lieu d'être seulement de mauvais conducteurs de chaleur, on les suppose absolument imperméables à la chaleur, leur volume, ou la somme de toutes leurs parties ou fibres solides,

(1) Voyez mes Essais. volume II, page 451.

se trouvait si petite, comparée à l'espace qu'elles occuperent, que si elles n'avaient eu sur l'air qui remplissait leurs interstices, aucun effet, cet air tout seul aurait suffi pour conduire toute la chaleur communiquée, en moins de temps qu'il n'en fut employé dans les expériences. Voici la preuve de cette assertion : »

« Le diametre du globe de verre fut 1.6 pouces, et par conséquent, sa capacité fut = 2.1466 pouc. cubes ; le diametre de la boule du thermometre fut 0.55 d'un pouce, est sa capacité = 0.08711 d'un pouce, et si de la capacité de la boule de verre = 2.1466 pouces, nous retranchons celle de la boule du thermometre = 0.08711, il reste 2.05755 pouces cubes, pour la mesure de l'espace qu'occuperent les substances employées pour l'enveloppe de la boule du thermometre. »

« Mais bien que ces substances *occupassent* cet espace, elles étaient fort loin de le *remplir*, comme on va le voir : la très-grande partie de cet espace fut occupé par l'air qui resta mêlé avec ces substances, remplissant leurs interstices. »

« Dans une des expériences, par exemple, la boule fut entourée de 16 grains de soie crue : j'ai trouvé par une expérience que la gravité spécifique de la soie est à celle de l'eau comme 1734 à 1000, et par conséquent, le volume de 16 grains de soie fut égal à celui de 9.4422 grains d'eau ; et comme un pouce cube d'eau pese 253.185 grains (Troy), il est évident que le volume de 9.4422 grains d'eau, égal à celui de 16 grains de soie, ne pouvait monter à plus de 0.037294 d'un pouce cube. »

« Mais nous avons vu que l'espace occupé par cette petite quantité de soie (= 0.037294 d'un pouce cube) fut = 2.05755 pouces cubes ; ainsi, comme 0.037294 est à 2.05755, comme 1 à 54, il est démontré que la soie employée dans l'expérience en question, n'a *rempli* qu'environ $\frac{1}{55}$ de l'espace dans lequel elle fut enfermée. »

« Dans une des expériences, quand cet espace ne fut rempli que d'air, la boule du thermometre enfermée à son centre n'employa que 576 secondes à se refroidir (à travers cet air), de 70 degrés à 10 degrés ; mais dans une autre expérience, quand cet espace était rempli d'un mélange de 54 parties d'air, et d'une partie de soie, le temps employé dans le refroidissement (de 70 degrés à 10 degrés), montait à 1284 secondes ».

Plus on méditera sur ces expériences, plus on sera frappé de l'importance de leurs résultats : je n'ai jamais pu les expliquer sans renoncer à l'hypothese de la communication directe de la chaleur dans l'air, d'une particule de ce fluide à une autre, de proche en proche.

On connaît mes recherches sur la propagation de la chaleur dans les fluides (1), et on a vu comment j'ai été conduit par les résultats de mes nombreuses expériences, à adopter les opinions que j'ai énoncées sur ce sujet dans mes écrits.

(1) Tous les détails de mes recherches sur ce sujet intéressant sont consignés dans mon septieme Essai, publié à Londres, en 1797, en 2 parties, contenant ensemble 188 pages in-8°.

J'ai médité avec la plus grande attention sur les objections que l'on a faites aux conséquences que j'ai tirées de mes expériences, mais je peux dire avec vérité, — et il est de mon devoir de le dire, — que je n'ai rien trouvé, ni dans ces objections, ni dans le résultat d'aucune nouvelle expérience, à moi connue, qui me paraisse suffisant pour me faire changer d'opinion sur le fait en question : et dans un mémoire envoyé à la Société royale de Londres, l'année passée (1), je crois avoir *prouvé* que l'*eau* est réellement un *non-conducteur de chaleur*, comme je l'avais soupçonné il y a six ans.

Il me reste à dire quelques mots sur les différentes recherches que j'ai faites, à différentes époques, dans la vue de décider, s'il était possible, la grande question, si long-temps agitée parmi les savants, sur la *matérialité de la chaleur*.

Ceux qui regardent la chaleur comme une *substance*, sont forcés à la supposer douée de pesanteur ; et si l'échauffement d'un corps est le résultat de l'accumulation de cette substance dans le corps, un corps doit nécessairement peser plus étant chaud, que quand il est froid : plusieurs physiciens ont cherché à déterminer ce point ; mais j'ose dire que personne n'a fait d'expériences plus décisives sur ce sujet que moi (2). Me trouvant en

(1) Une traduction de ce mémoire, par le professeur Pictet, se trouve à la fin de cet ouvrage.

(2) Un mémoire dans lequel j'ai rendu compte de la maniere la plus détaillée de toutes mes recherches sur ce sujet, se

possession d'excellents instruments, je n'ai épargné ni peines, ni dépenses pour rendre mes expériences concluantes.

Voici en peu de mots leurs résultats :

Ayant fait faire un globe d'or pur, je l'ai pesé très-exactement froid, et ensuite à la température à laquelle il était prêt à fondre ;—j'ai pesé aussi une masse considérable d'eau, enfermée hermétiquement dans un matras; premierement dans un état de liquidité, étant à la température de la glace fondante, et ensuite gelée, et à la même température. — Je conclus de toutes mes expériences que la chaleur ne change point le poids d'un corps.

Bien que les résultats de ces expériences tendissent à confirmer les doutes qu'une foule d'autres phénomenes avaient fait naître dans mon esprit sur l'existence du calorique, je voyais pourtant qu'ils ne suffisaient pas pour décider le point en question ; les partisans du calorique pouvant toujours dire, — comme en effet ils ont dit, — que cette matiere est beaucoup trop rare pour être pesée dans nos balances.

Après avoir cherché long-temps le moyen de mettre le fait en question à l'épreuve d'une expérience décisive, j'ai cru l'avoir trouvé, — et je le crois encore fermement.

Je pensai que si le calorique a une existence

trouve dans les Transactions Philosophiques pour l'année 1799; et aussi dans mes Mémoires philosophiques, page 366.

réelle, un corps ou un système de corps isolé, ne pouvait continuer de fournir de cette substance, et de la donner à d'autres corps environnants, sans en être épuisé peu-à-peu.

Une éponge remplie d'eau, suspendue par un fil au milieu d'une chambre remplie d'air sec, donne de l'humidité à cet air; mais l'éponge est bientôt épuisée d'eau, et mise en état de ne plus pouvoir en fournir; —mais une cloche étant frappée, donne du son aussi long-temps que l'on voudra, sans aucun signe d'épuisement.—L'humidité est *une substance;* —mais le son ne l'est point.

Il est connu que deux corps durs, frottés l'un contre l'autre, donnent beaucoup de chaleur. — Peuvent-ils en donner sans en être épuisés? — Voilà ce que l'expérience doit décider.

Il serait trop long de donner ici tous les détails des expériences que je fis pour déterminer cette intéressante question : on les verra dans mon mémoire sur *la source de la chaleur qui est excitée par le frottement*, publié dans les Transactions Philosophiques pour l'année 1798 (1); mais le sujet de ces expériences est trop lié avec mes recherches récentes sur la chaleur, pour ne pas tâcher de donner ici une idée claire de ces expériences et de leurs résultats.

(1) Une traduction de ce mémoire, par le professeur Pictet, se trouve dans la Bibliotheque Britannique ; et on trouve le mémoire original (en anglais) dans le second volume de mes Essais. page 469; nouvelle édition (anglaise) de l'année 1800.

L'appareil qui fut employé dans ces recherches est trop compliqué pour être représenté ici, mais par le moyen de la figure suivante, il est facile de se former une idée de l'expérience principale, et de ses résultats.

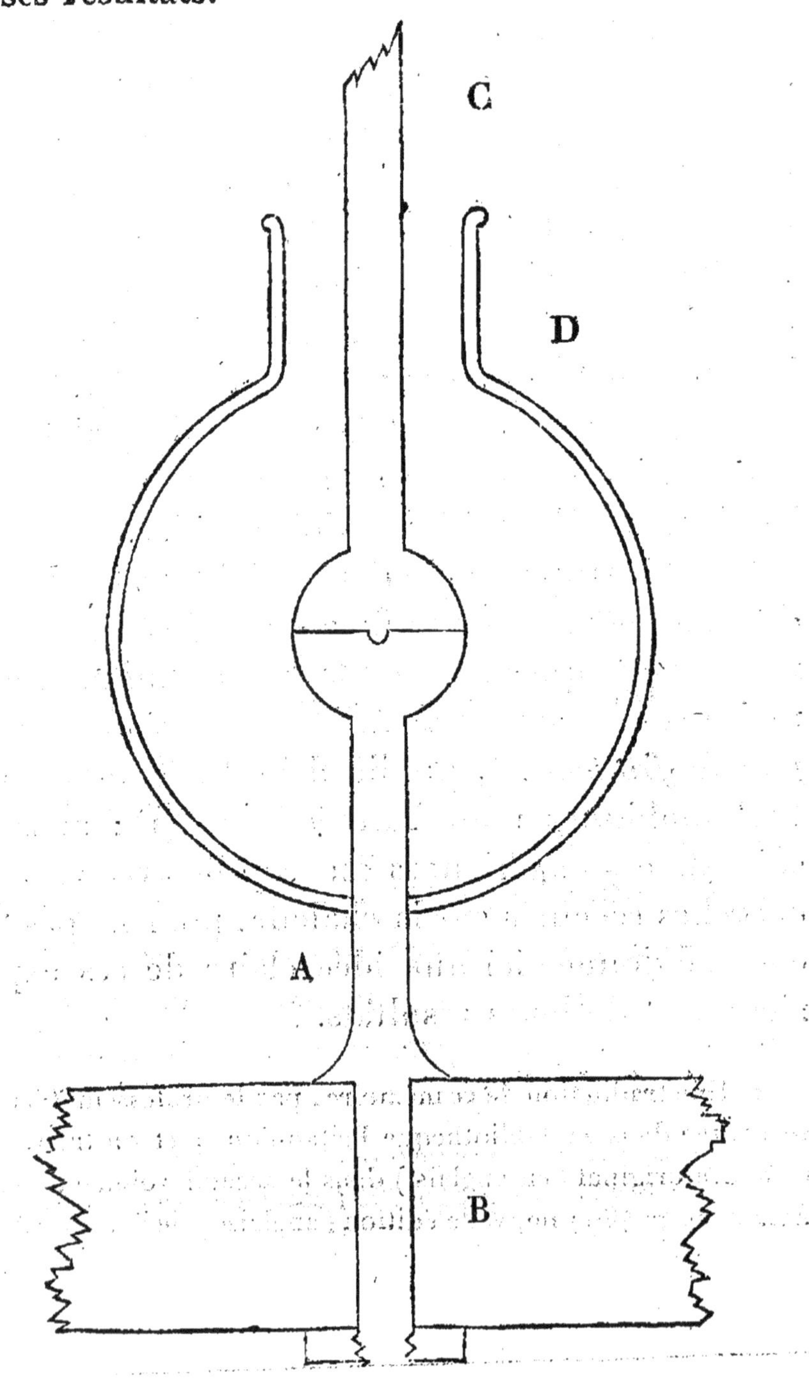

Soit A, une section verticale d'une barre de bronze, d'un pouce de diametre, fixée verticalement et solidement dans une forte poutre B, et terminée en haut par un hémisphere solide, du même métal, de trois pouces et demi de diametre; soit C, une autre barre semblable, verticale, terminée en bas par un hémisphere semblable à celui de la barre A; les deux hémispheres sont posés l'un sur l'autre, de maniere que les axes des deux barres se trouvent dans la même ligne droite verticale.

D représente une section verticale d'un vase métallique globulaire, de douze pouces de diametre, avec un goulot cylindrique de trois pouces trois quarts de diametre, et trois pouces de haut; la barre A, passant dans un trou fait pour la recevoir au fonds du vase, est soudé au vase, et sert de support pour le soutenir à sa place.

Le centre de la sphere, qui est formée des deux hémispheres placés l'un sur l'autre, se trouve au centre du vase globulaire, et en remplissant ce vase d'eau, cette sphere et une portion de chacune de ses deux barres se trouvent submergées.

En pressant fortement ces deux hémispheres l'un contre l'autre, tournant en même-temps la barre C autour de son axe (par des moyens quelconques), beaucoup de chaleur se trouve excitée par le frottement qui a lieu entre les surfaces planes des deux hémispheres.

La quantité de chaleur produite est en raison

de la force par laquelle les deux surfaces sont pressées ensemble, et de la vîtesse de leur frottement. Quand cette force égalait la pression d'un poids de 10000 livres, et quand la barre C était tournée autour de son axe avec la vîtesse de trente-deux révolutions dans une minute, la quantité de chaleur fournie continuellement par les surfaces ainsi frottées, était très-considérable; elle égalait la quantité que peuvent fournir les flammes de *neuf* bougies, de grosseur moyenne, brûlant toutes à-la-fois, avec leur plus grand degré de vivacité.

La quantité de chaleur produite dans un temps donné, est sensiblement la même quand le vase globulaire D étant rempli d'eau, les hémispheres et les surfaces frottés sont submergés dans ce liquide, que lorsque le vase globulaire étant vide d'eau, cet appareil de frottement se trouve entouré d'air.

La source de chaleur excitée par le moyen de cet appareil est *inépuisable.*

Aussi long-temps que l'on continue à tourner la barre C autour de son axe, aussi long-temps l'appareil continue de donner de la chaleur, et toujours avec la même abondance.

Quand le vase globulaire D est rempli d'eau, ce liquide est échauffé peu à peu, et finit par bouillir : j'ai fait bouillir de cette maniere une masse d'eau fort considérable.

Si l'on fait l'expérience en hiver, quand la température de l'air est un peu au-dessus du point de la congélation, et si l'on remplit le vase D avec un mélange d'eau et de glace pilée, on peut mesurer très-exactement la quantité de chaleur fournie par les surfaces frottées, dans un temps donné, par la quantité de glace fondue par cette chaleur.

Comme l'appareil continue toujours à fournir de la chaleur, et avec la même abondance, l'on peut de cette maniere faire fondre autant de glace que l'on voudra.

D'où vient cette chaleur? — C'est-là la grande question que cette expérience était destinée à résoudre.

D'abord il est très-certain qu'elle ne vient ni de la décomposition de l'eau, ni de la décomposition de l'air : des expériences dont j'ai rendu compte dans mon mémoire, publié dans les Transactions Philosophiques, ont mis ce fait hors de doute.

Elle ne vient pas non plus d'un changement de capacité pour la chaleur opérée par le frottement, dans le métal dont les hémispheres étaient construits; cela est prouvé, premiérement par la *permanence* et *l'uniformité* de la production de la chaleur, et secondement par une expérience directe, dans laquelle j'ai trouvé que la capacité du métal n'était point changée.

Elle ne pouvait non plus venir des barres de métal attachées aux hémispheres, parce que ces barres recevaient continuellement de la chaleur, qui leur était fournie par les hémispheres.

Elle ne pouvait être fournie par l'air, ni par l'eau qui se trouvait en contact avec les hémispheres, parce que ces fluides en recevaient continuellement de l'appareil.

D'où vient donc cette chaleur? Qu'est-ce que c'est que la chaleur?

Il m'a toujours paru tout-à-fait impossible d'expliquer les résultats de cette expérience sans adopter la théorie très-ancienne, qui est fondée sur la supposition que la chaleur n'est autre chose qu'un *mouvement vibratoire* parmi les particules dont les corps sont composés.

Une cloche qui est frappée donne du son toujours avec la même facilité, et les ondulations dans l'air, qui sont causées par ces vibrations, excitent un mouvement vibratoire dans les corps environnants; — mais une éponge remplie d'eau ne peut donner de l'humidité aux corps qui se trouvent dans son voisinage, sans être bientôt épuisée.

Un savant très-distingué, pour lequel j'ai le plus sincere respect, et que j'ai le bonheur de compter parmi mes amis particuliers, M. Bertholet, a essayé, dans son excellent Essai de Statique Chimique, d'expliquer le résultat de cette expérience, et de l'accorder avec la théorie de la chaleur qui est fondée sur l'hypothese du calorique.

Quand un homme aussi savant, — aussi loyal, — aussi respectable, — et aussi célebre que Bertholet, entreprend de réfuter les erreurs d'un physicien ou d'un chimiste, l'on ne peut pas garder le silence sans être regardé comme vaincu ; — mais en revanche, — et heureusement pour ceux qui sont appelés à se défendre, — si on peut prouver que les objections de Bertholet ne sont point fondées, on a beaucoup fait pour établir solidement les opinions ou les faits dont il s'agit.

Je tâcherai de répondre aux objections que M. Bertholet a faites à l'explication que j'ai donnée des résultats des expériences en question, et afin de mettre le lecteur à même de mieux juger de ces objections, je commencerai par les donner ici, dans les propres paroles de l'auteur.

« Le comte de Rumford a fait une expérience « curieuse sur la chaleur qui peut être produite « par le frottement ; il a fait mouvoir avec rapi- « dité un forêt obtus (*le forêt ne tournait autour « de son axe que trente-deux fois dans une minute*) « dans un cylindre de bronze de treize livres, « poids anglais (*le cylindre pesait cent treize liv. « et une fraction de livre*), et il a observé que le « forêt avait, dans l'espace de deux heures (*deux « heures et demie*), par une pression qui équiva- « lait à cent quintaux, réduit en poudre 4145 grains « (= 8 $\frac{2}{3}$ onces Troy) de bronze, et qu'il s'était « dégagé pendant cette opération une quantité de « chaleur qui aurait amené 26.38 livres d'eau de « la température de la congélation à celle de l'é- « bullition, il n'a pas trouvé de différence entre « le calorique spécifique de la poudre métallique, « et celui du bronze qui n'avait pas subi de frot-

« tement, ce qui lui fait croire que la chaleur « n'est due qu'à un mouvement imprimé, et non « au calorique, tel que le considerent la plupart « des chimistes.

« Je me bornerai à examiner si le résultat de « cette expérience oblige de renoncer à la théorie « du calorique, considéré comme une substance « qui entre en combinaison avec les corps, et si « l'on ne peut pas en donner une explication sa- « tisfaisante par l'application des lois déduites de « la comparaison de ses autres effets.

« En regardant le dégagement du calorique « comme l'effet de la diminution de volume pro- « duite par la compression, ce n'est point la li- « maille seule qui a dû contribuer à ce dégage- « ment; mais toutes les parties du cylindre de « bronze, quoique d'une maniere très-inégale, par « l'effort d'expansion de la partie qui était la plus « comprimée, et qui éprouvait la plus haute tem- « pérature, sans pouvoir prendre les dimensions « qui convenaient à cette température, sur les par- « ties les moins échauffées et les moins dilatées, « de sorte qu'il y a dû avoir une condensation de « métal relativement à ses dimensions naturelles, « qui diminuait depuis le lieu de la compression « la plus forte, jusqu'à la surface; supposons l'effet « uniforme dans tout le cylindre.

« Il a dû se dégager par la diminution de vo- « lume une chaleur égale à celle qui aurait pro- « duit une augmentation pareille de volume, en

« supposant que les chaleurs spécifiques du métal « ne changent pas dans cette étendue de l'échelle « thermométrique, et que les dilatations soient « uniformes ; ce qui doit s'éloigner peu de la réalité « pour des températures et des dilatations voisines. « Toute la chaleur qui s'est dégagée aurait donné « à-peu-près 160 degrés du thermometre de Réaumur, au cylindre, et si la dilatation du bronze « par la chaleur était égale à celle qu'on a reconnue dans le fer, qui est de $\frac{1}{75000}$ pour chaque « degré du thermometre, les 180 degrés auraient « produit une dilatation de $\frac{18}{7500}$ dans chacune de « ses dimensions, et la réduction du volume due « à la compression supposée égale à cette augmentation, a dû produire le même degré de chaleur.

« Or, la percussion, l'action du balancier, la « compression des filieres produisent un changement quelquefois considérable dans la pesanteur « spécifique des métaux ; il paraît, par exemple, « qu'elle peut l'augmenter de plus d'un vingtieme « dans le platine et dans le fer que l'on forge.

« On voit donc que l'expérience du comte de « Rumford est bien éloignée d'atteindre les limites « d'une explication fondée sur une propriété « connue et incontestable.

« Il est facile de faire des rapprochements imposants sur les phénomenes du calorique ; mais « si l'on disait à une personne peu habituée aux « spéculations chimiques : le cylindre du comte « de Rumford a donné pendant deux heures, d'un

« frottement violent, autant de chaleur que 15 « kilogrammes de glace en auraient absorbé pour « se réduire en eau sans changer de température, « ou deux hectogrammes de gaz oxigene pour se « combiner avec le phosphore, je ne sais lequel « de ces phénomenes la surprendrait le plus.

« Les petits changements qui peuvent survenir « dans la quantité du calorique combiné, ont une « si faible influence sur la capacité du calorique « dans une petite étendue de l'échelle thermomé- « trique, qu'elle devient entierement inappré- « ciable, et nous n'avons point encore les données « nécessaires pour reconnaître quels sont les chan- « gements qui ont lieu à cet égard dans un corps « solide, selon l'état de condensation dans lequel « on l'a mis par une force mécanique, et à des « températures éloignées.

« D'ailleurs, dans l'expérience que Rumford a « faite pour examiner la chaleur spécifique de la « limaille de bronze qu'il avait formée, il l'a « échauffée jusqu'à la température de l'eau bouil- « lante; mais ce minéral très-élastique a dû re- « prendre en partie, dès qu'il s'est trouvé libre, « et sur-tout dans cette derniere opération, l'état « de dilatation et la proportion de calorique qui « lui convient à une certaine température, et « par là l'effet de la compression qu'il avait éprou- « vée a dû disparaître en partie, comme on voit « qu'un métal écroui reprend ses propriétés dans « le recuit ».

A ces observations je répondrai :

1° Que ce n'était point la découverte que je fis que la poudre métallique produite dans le frottement, n'avait pas subi de changement sensible dans sa chaleur spécifique, qui me fit croire que la chaleur excitée dans l'expérience ne pouvait venir du calorique dégagé : c'était de trouver que la source de cette chaleur était *inépuisable*. C'est ce phénomene qu'il faudra expliquer, — que l'on n'a pas expliqué, — et que je ne vois pas la possibilité d'expliquer sans abandonner l'hypothese du calorique.

2° En admettant que la simple compression d'un métal suffit pour exprimer du calorique de son intérieur (ce qui est bien loin d'être prouvé), cela ne nous avancerait gueres dans l'explication des phénomenes ; car, comme l'action de la force comprimante était *constante*, la condensation du métal opérée par cette force, doit avoir été bientôt portée à son maximum ; et quelle que soit la quantité de calorique exprimée du métal dans cette opération, elle doit avoir été bientôt dissipée ; — mais les surfaces frottées continuaient toujours de fournir de la chaleur, — et même de la fournir toujours avec la même abondance.

3° Quant à l'objection contre l'expérience qui fut faite pour déterminer si la capacité pour la chaleur de la poudre métallique avait été changée, il y a une réponse très-simple à donner, et qui me paraît sans réplique; si la température de l'eau bouillante eût suffi pour fournir assez de chaleur à ces petites particules de métal, fortement comprimées, pour les rétablir dans leur état primitif, quant à leur capacité pour la chaleur, comme l'eau qui entourait l'appareil fut à la fin bouillante, c'est sans doute de cette eau qu'elles ont reçu la chaleur dont elles avaient besoin; — mais si ces particules métalliques ont fini par recevoir de cette eau le calorique qu'elles ont commencé par lui donner, d'où est venu le calorique employé pour échauffer, — et l'eau, — et le métal, — et les autres corps environnants?

Je suis bien loin de vouloir induire en erreur qui que ce soit, par des *rapprochements imposants;* mais les résultats de mes expériences étaient si extraordinaires, qu'il a fallu employer des comparaisons et des calculs pour en donner une idée, sur-tout à ceux qui ne sont pas accoutumés à des recherches semblables.

Je finirai mes observations par un nouveau calcul : je vais voir s'il est probable que le métal *a pu fournir* toute la chaleur qui a été produite par le frottement, dans l'expérience dont il est question. Pour admettre cette supposition, il est nécessaire de considérer toute la chaleur produite comme provenant immédiatement des particules du métal, qui furent séparées de la masse solide, par le frottement, parce que l'état de la masse restant le même pendant la durée de l'expérience, il est évident qu'elle ne pouvait contribuer en rien à l'effet produit.

Voyons combien de chaleur aurait été produite si l'expérience avait été continuée sans interruption jusqu'à ce que toute la masse du métal eût été réduite en poudre, par le frottement.

L'expérience ayant été continuée deux heures et demi, 4145 grains (poids de Troy) de cette poudre métallique furent ramassés; et pendant ce temps, une quantité de chaleur suffisante pour échauffer et faire bouillir 26.58 livres d'eau, à la température de la glace fondante, fut produite par le frottement.

Comme la masse solide du métal pesait 113.13 livres, = 791910 grains, si l'on avait continué l'expérience sans interruption, jour et nuit, pendant 477 $\frac{1}{2}$ heures, ou 19 jours et 21 heures et $\frac{1}{2}$, tout le métal aurait été réduit en poudre, et, dans ce temps, une quantité de chaleur aurait été fournie, assez considérable pour échauffer et faire bouillir 5078 livres d'eau.

Comme la capacité pour la chaleur du métal employé dans cette expérience, était à celle de l'eau comme 0.11 à 1, il est évident que la quantité de chaleur en question serait suffisante pour élever la température d'une masse de ce métal, du poids de 46165 livres de 180 degrés du thermometre de Fahrenheit, ou de la température de la glace fondante, à celle de l'eau bouillante.

Cette quantité de chaleur suffirait pour fondre une masse de ce métal 16 fois plus grande que celle employée dans l'expérience (1).

Peut on croire que cette immense quantité de calorique ait pu exister dans ce corps? — Mais même cette supposition ne suffisait pas pour expliquer les faits; car j'ai *prouvé*, par une expérience décisive, que la capacité du métal pour la chaleur n'était pas sensiblement changée.

D'où venait donc le calorique que l'appareil est supposé avoir fourni en si grande abondance?

C'est à ceux qui croyent à l'existence du calorique de répondre à cette question.

Je crois avoir démontré qu'il n'a pas pu être fourni par les corps métalliques qui furent frottés ensemble, et je ne puis pas concevoir comment il aurait pu être fourni par aucun des autres corps qui se trouverent dans le voisinage de l'appareil,

(1) Le laiton se fond à la température de 3807° du thermometre de Fahrenheit; — le cuivre à 4587°. Le bronze fond plus facilement que le cuivre; mais en supposant qu'il exige le même degré de chaleur pour fondre, l'on peut prouver par un calcul fort simple que la quantité de chaleur qui est nécessaire pour élever la température de 46165 livres de bronze, 180 degrés suffiraient pour élever 1811 ½ livres, 4587 degrés, ou de les fondre; — mais 1811 ½ livres sont à 113.13 livres comme 16 à 1. — Ce calcul fait voir qu'une quantité quelconque de bronze à la température de la glace fondante, étant réduite en poudre par le frottement, donne 16 fois plus de chaleur qu'il ne faudrait pour le fondre.

car tous ces corps *recevaient* continuellement de la chaleur *venant de l'appareil.*

Il me reste à rendre compte de la continuation de mes recherches sur la chaleur.

Pendant l'été de l'année 1800, je fis un voyage en Ecosse, et je passai un mois à Edimbourg.

Tout le monde sait combien l'université d'Edimbourg est devenue célebre par la succession non interrompue de savants distingués, qui, depuis cinquante ans, ont occupés ses différentes chaires.

Ce fut chez le professeur Hope (successeur du célebre Black), qu'en société avec M. Playfair, M. Struvart, professeurs de l'université, et plusieurs autres personnes, nous répétâmes l'expérience de Pictet sur la condensation et la concentration des influences frigorifiques des corps froids, — et ce fut pour lors que mon opinion sur la nature de la chaleur fut publiquement annoncée pour la premiere fois.

Deux miroirs concaves métalliques, de quinze pouces de diametre et quinze pouces de foyer, étant posés vis-à-vis l'un de l'autre, à la distance de 10 pieds, quand on plaçait au foyer de l'un un corps froid (une boule de verre remplie d'eau, mêlée avec de la glace pilée), un thermometre à air très-sensible, mis au foyer de l'autre, descendait d'abord.

Quand le thermometre, au lieu d'être placé précisément au foyer du miroir, se trouvait tant soit peu éloigné du foyer (de côté), l'effet frigorifique du corps froid sur lui devenait absolument imperceptible.

Nous ne nous bornâmes point à répéter l'expérience de Pictet comme il l'a décrite; mais on me permit d'y faire plusieurs changements, afin d'éclaircir tous mes doutes, et d'établir le fait en question de la maniere la plus solide.

J'exprimai mon opinion sur les résultats de ces recherches, dans ces propres paroles :

(1) « Le calorique ne peut pas avoir d'existence « réelle; la communication de la chaleur me pa- « raît analogue à la communication du son; le corps « froid, dans l'un des foyers, oblige le corps chaud « (le thermometre), qui se trouve dans l'autre, « de *changer sa note* ».

Une raison particuliere, qu'il serait inutile, et même inconvenable d'expliquer dans ce moment-ci, m'a décidé à rappeler ici les expressions dont je me suis servi en cette occasion.

J'avais long-temps avant cette époque médité une suite d'expériences sur la chaleur rayonnante, et dans mon sixieme Essai, sur le maniement de la chaleur, et l'économie du combustible, publié à Londres l'année 1797, j'avais annoncé mon intention de l'entreprendre aussitôt qu'il serait en mon pouvoir de le faire; mais ce furent les expériences dont je viens de parler, auxquelles j'assistai

(1) « Caloric has certainly no real existence. The commu- « nication of heat seems to me to be perfectly analogous to the « communication of sound. The cold body in the one focus, « obliges the warmer body (the thermometer), in the other, « to change its note ».

chez le professeur HOPE, qui me déciderent de mettre la main à l'œuvre sans perdre plus de temps.

Aussitôt que je fus de retour à Londres, je commençai à faire des préparatifs pour ces recherches : je parlai de mon projet au chevalier BANKS, président de la Société Royale; et à M. CAVENDISH, tous les deux directeurs (aussi bien que moi) de l'Institution Royale; et comme je desirais faire, de la maniere la plus décisive, les expériences projettées, et par conséquent, avec l'appareil le plus parfait qu'il fut possible de procurer, — ce qui pouvait entraîner une dépense considérable; — à ma demande, les directeurs de l'Institution m'autoriserent à faire construire les nouveaux instruments nécessaires dans cette recherche, aux frais de l'Institution, à condition toujours que tous ces instruments demeurassent la propriété de l'Institution, et fussent logés dans son cabinet.

Comme l'objet principal que j'avais en vue dans cette recherche, fut de démontrer la nature *positive* des émanations frigorifiques des corps froids, je desirais pouvoir accumuler et concentrer, autant que possible ces émanations, afin de rendre leurs effets d'autant plus sensibles.

Dans l'expérience de Pictet, on employa deux miroirs ardents métalliques; un corps froid étant placé au foyer de l'un, et le thermometre au foyer de l'autre : pour doubler l'effet frigorifique sur le thermometre, je proposai d'employer deux corps froids, et quatre miroirs; et pour mieux *accumuler* l'effet frigorifique sur le thermometre, j'avais proposé de placer le thermometre en *haut*, et dans un petit vase cylindrique, ouvert en haut, les deux corps froids étant placés en bas.

Dans l'expérience de Pictet, les deux miroirs furent placés dans une ligne horisontale, et le thermometre qui recevait les influences frigorifiques, étant exposé à être continuellement échauffé par le courant vertical descendant d'air, qui était occasionné par le refroidissement de la couche d'air, qui touchait immédiatement au thermometre, l'effet frigorifique du corps froid se trouva bientôt contrebalancé par l'effet calorifique de ce courant d'air; j'espérai qu'en prévenant ce courant par la disposition de l'appareil, doublant en même-temps l'intensité de l'influence frigorifique, je viendrais à bout de pousser le refroidissement du thermometre beaucoup plus loin.

Après beaucoup de délais de la part des ouvriers, les quatre miroirs furent enfin achevés : ils sont au cabinet de physique de l'Institution Royale à Londres, et on s'en sert dans les cours publics de physique que l'on y donne chaque année; il s'y trouve aussi, à ce que je crois, quelques autres instruments qui furent destinés aux expériences projetées sur les rayonnements des corps; mais la plus grande partie des instruments destinés pour cette recherche (exécutés par M. Fraser, de new Bond Street) était faite pour mon compte, et sont encore en ma possession.

La simple inspection de cet appareil (qui fut faite pendant l'été de l'année 1801) suffit pour démontrer que j'ai poursuivi mes recherches sur la chaleur avec zele et *avec suite.*

Ayant été rappelé en Baviere au commencement de l'année 1802, je partis de Londres dans les premiers jours du mois de mai, sans avoir pu exécuter qu'un très-petit nombre des expériences que j'avais si long-temps méditées; mais décidé à les entreprendre au premier moment de loisir que je trouverais, je pris avec moi la plus grande partie de l'appareil que j'avais préparé pour cette recherche, pendant mon séjour en Angleterre.

Passant par Paris, où je fis un séjour de trois mois, je n'arrivai à Munich que vers la fin du mois d'août, et au mois d'octobre, je commençai mes expériences.

N'ayant pas pu amener avec moi de Londres les quatre grands miroirs ardents qui appartenaient à l'Institution Royale, et ne pouvant pas m'en procurer d'autres en Baviere, je fus forcé de changer la marche de mes recherches, de tâcher de découvrir par d'autres moyens les rayonnements des corps, et de rendre les effets de ces rayonnements sensibles, sans le secours de la condensation par des miroirs métalliques concaves.

Mes premieres expériences avaient pour objet de déterminer si les rayons calorifiques invisibles, provenants d'un corps chaud (d'un poële échauffé, par exemple), sont identiques avec ceux qui viennent du soleil. M'étant procuré trois boîtes cylindriques semblables, de bois léger, très-mince, de quatre pouces et demi de diametre, et trois pouces de haut, sans couverts, je plaçai dans chacune, à un pouce et trois quarts au-dessus de son fond, un disque métallique, circulaire, épais d'un quart de ligne, et égal en diametre avec l'intérieur de la boîte : ce disque, qui formait une espece de diaphragme dans l'intérieur de la boîte, fut arrêté et fixé à sa place, par le moyen de plusieurs petites chevilles de bois, très-courtes, qui passerent à travers la paroi de la boîte.

Au centre du fond de la boîte, il y avait un trou circulaire de trois quarts de pouce de diametre, qui fut fermé par un bouchon de liége.

Ce bouchon était percé à son centre par un trou de trois lignes de diametre, qui recevait le tube d'un petit thermometre à mercure, à réservoir ovale, qui avait les divisions de son échelle gravées sur son tube même (1); par le moyen de

(1) J'avais fait faire en Angleterre quatre thermometres de cette espece, que j'ai trouvé très-utiles dans mes recherches sur la chaleur. Leurs tubes sont très-épais, en verre, ayant trois lignes de diametre, et ils sont usés à l'émery d'un côté, pour former une surface plane sur laquelle les divisions de leurs échelles sont gravées par le moyen de l'acide fluorique. Leurs tubes sont de six à sept pouces de long, et leurs réservoirs sont en forme de poire, qui les rendent beaucoup moins cassants que s'ils avaient été sphériques. La pointe, ou extrémité inférieure de la poire peut être un peu épaisse, en verre, sans aucun inconvénient.

ce

ce bouchon, le thermometre fut tellement placé dans l'intérieur de la boîte, que son réservoir se trouvait dans l'axe de la boîte, et au centre de l'espace compris entre le fond de la boîte et le disque métallique. Cet espace, qui fut destiné à servir comme un réservoir de chaleur, était rempli d'une certaine quantité de fils d'argent, applatis, provenant de vieux galon d'argent que l'on avait parfilé.

Dans une des boîtes, le diaphragme métallique était fait de *laiton;* — dans la seconde, de *fer-blanc,* — et dans la troisieme, de *tôle.*

La figure suivante représente la section verticale d'une de ces boîtes, couchée horisontalement: l'on y voit la section du bouchon, qui est distinguée par des lignes diagonales, et une partie du thermometre, à sa place.

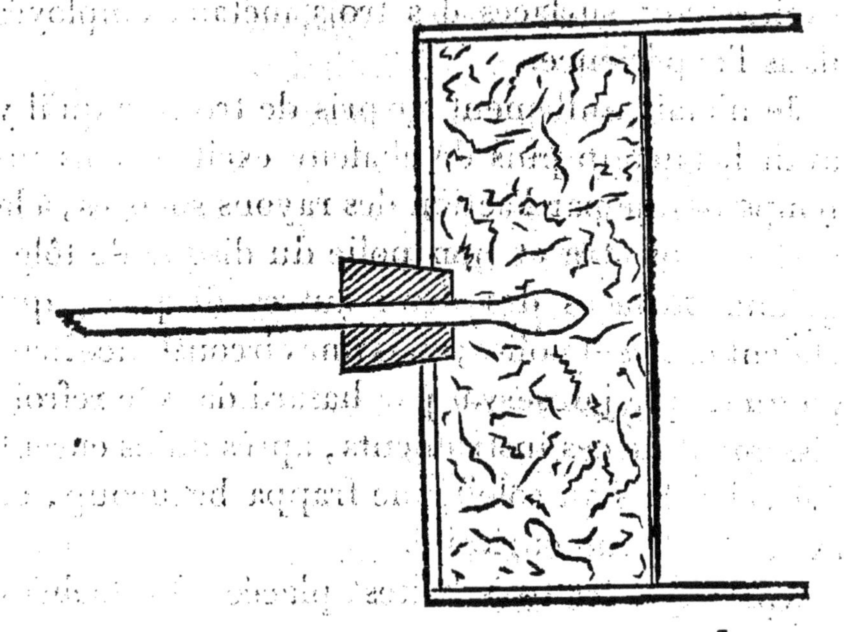

Pour diminuer la perte de la chaleur par le fond de la boîte et par ses parois, la boîte fut couverte en dedans et en dehors, premierement avec du papier attaché avec de la colle forte, et ensuite avec trois bonnes couches de vernis de copal, et pendant les expériences, chaque boîte fut couverte en dehors par une enveloppe de fourrure.

Quand on présenta une de ces boîtes au soleil, pendant un certain temps donné, ses rayons frappant perpendiculairement sur le disque métallique, y excitaient une certaine quantité de chaleur, et cette chaleur étant de suite assez également répandue dans l'intérieur de la boîte, par le moyen du fil métallique qui s'y trouvait, était mesurée par le moyen du thermometre, et en présentant les trois boîtes au soleil en même-temps, on pouvait déterminer les quantités relatives de chaleur excitées aux surfaces des trois métaux employés dans l'expérience.

Je n'étais nullement surpris de trouver qu'il y avait beaucoup plus de chaleur excitée dans un temps donné par l'action des rayons solaires, à la surface noirâtre et non polie du disque de tôle, qu'aux surfaces des deux autres disques, qui étaient nettes et polies; mais une circonstance inattendue, que j'observai par hasard dans le refroidissement de ces instruments, après qu'ils eurent été échauffés au soleil, me frappa beaucoup, et excita toute ma curiosité.

Après que les trois boîtes, placées et attachées

l'une à côte de l'autre, eurent été exposées à l'action des rayons du soleil, jusqu'à ce que chacune d'elles eût acquis son maximum de température, je les ôtai toutes en même-temps de la fenêtre où elles se trouvaient, et les plaçai, renversées, sur une table froide qui se trouvait dans un coin de la chambre.

Passant par hasard près de la table, un quart-d'heure après, je jetai un coup-d'œil sur les thermometres, qui se trouverent pour lors dans une position verticale, leurs tubes projetant au-dessus des fonds des boîtes renversées; et je fus fort surpris de trouver que la boîte (à disque de tôle), qui avait été la plus chaude, était actuellement devenue la plus froide des trois.

Ce phénomene me parut d'autant plus extraordinaire, que je savais que ce refroidissement subit ne pouvait pas avoir été causé par la capacité moins grande de cette boîte pour contenir la chaleur, car, sachant combien il était important pour les recherches que je méditais, que les capacités des trois boîtes fussent égales, j'avais eu le plus grand soin de les égaliser (en réglant les quantités de fil d'argent employées), avant que de commencer les expériences.

Sans m'arrêter ici pour rendre compte de toutes les conjectures et de tous les projets d'expériences auxquels cette découverte donna lieu, je me contenterai de dire qu'elle fit une impression forte et durable sur mon esprit, et influa beaucoup sur la direction et la marche de mes recherches ultérieures.

Cet incident ne m'a pas pourtant empêché d'achever les expériences pour lesquelles cet appareil avait été imaginé. Un poële cylindrique de fer, situé au milieu d'une chambre de grandeur moyenne, fut entouré de tous les côtés d'écrans, et toutes les fenêtres de la chambre étant ouvertes, le poële fut échauffé sans que la température moyenne de la chambre fut sensiblement changée; pour lors, ôtant les écrans qui entouraient le poële, je lui présentai les trois boîtes en même temps, et à la même distance, de vingt-quatre pouces.

La boîte à disque de tôle, qui, exposée aux rayons solaires, avait été la plus échauffée, se trouva aussi la plus échauffée des trois, lorsqu'elle fut exposée à l'action des rayons calorifiques invisibles provenant du poële.

Afin d'étudier l'action de ces rayons, je fis faire plusieurs nouveaux instruments, et entre autres, quatre grands thermometres à air, et trois (de la même grosseur) à l'esprit de vin : les boules de ces thermometres avaient un pouce trois quarts de diametre, et elles étaient remplies de différentes substances mêlées avec de l'air, ou avec de l'esprit de vin : la boule du premier thermometre à air ne fut rempli que d'air; — celle du second, d'un mélange d'air et d'édredon; — celle du troisieme, d'un mélange d'air et de fil d'argent, très-fin, applati; — celle du quatrieme, d'air, d'édredon et de fil d'argent applati.

La boule du premier thermometre à l'esprit de vin, ne contenait que ce liquide; — celle du second fut remplie d'un mélange d'esprit de vin et d'édredon; — et celle du troisieme, d'un mélange d'esprit de vin et de fil d'argent applati.

En exposant ces thermometres alternativement à l'action des rayons solaires, et à celle qui provient des corps échauffés, par le moyen du feu, on pouvait juger, par la célérité ou la lenteur relative de l'échauffement des différents thermometres, de l'identité de ces rayons, ou de leurs différences.

Il serait trop long de donner ici les détails de ces expériences. Les résultats de quelques-unes d'elles étaient assez curieux (1), et me donnerent des lumieres qui me furent fort utiles pour éclairer ma route dans la poursuite de l'objet principal de mes recherches.

(1) Je trouvai que le thermometre qui avait sa boule remplie d'un mélange d'esprit de vin et de fils d'argent applatis, était plus sensible, sur-tout pour des petits changements de température, qu'un autre thermometre d'égale grosseur, qui avait sa boule remplie d'esprit de vin seul. Il serait peut-être utile de construire des thermometres de cette maniere, pour l'usage ordinaire, ou au moins pour de certains usages. Je suis persuadé qu'un thermometre qui aurait sa boule remplie d'un mélange de mercure et de fils de platine, sera plus sensible ou plus prompt dans ses mouvements qu'un thermometre à mercure (seul) des mêmes dimensions.

Je fis faire d'autres thermometres de très-grandes dimensions. Leurs boules, qui sont sphériques, sont construites en cuivre, et de quatre pouces en diametre; leurs tubes, qui sont de verre, ont trente pouces de long, et ils sont remplis d'huile de lin : ils sont destinés à des expériences pour déterminer les célérités relatives du refroidissement d'un corps chaud (le thermometre même), dans différents fluides à la même température : c'est l'unique instrument que j'ai jamais pu trouver pour des expériences de cette espece, qui ne soit pas sujet à de grandes objections.

J'ai d'autres thermometres qui sont uniquement destinés à recevoir et accumuler les rayons calorifiques ou frigorifiques qui arrivent à leurs surfaces : leurs réservoirs sont composés chacun de deux cônes de minces feuilles de laiton, l'un placé dans l'autre, et attachés ensemble à leurs bases, de maniere à laisser un espace vide, d'une ligne à-peu-près d'épaisseur, entre la surface intérieure du cône extérieur, et la surface extérieure du cône intérieur. Le diametre du cône intérieur est de quatre pouces, et il a quatre pouces de haut, et finit en pointe : le diametre du cône extérieur est de quatre pouces et un quart, et il finit en haut par un goulot cylindrique d'un quart de pouce de diametre, et trois quarts de pouce de long : dans ce goulot est fixé un tube thermométrique de verre, et l'espace compris entre les deux cônes ayant été rempli d'huile de lin ou d'esprit de vin coloré, l'instrument devient thermometre : l'échelle de ce thermometre est fortement attachée au goulot.

La paroi extérieure de cet instrument est couverte et défendue de l'action (calorifique ou frigorifique) de l'air environnant, par le moyen d'une boîte cylindrique de bois sec, bien vernissée, garnie en dedans d'édredon, dans laquelle le corps de cet instrument est placé ; cette boîte, qui est haute de quatre pouces et demie, est du même diametre, intérieurement, que le cône extérieur, à sa base ; et le tube de l'instrument, avec son échelle, passe à travers un trou qui se trouve au centre du fond de la boîte.

La surface extérieure du cône intérieur, qui est noircie, étant présentée à un corps qui envoie des rayons calorifiques (ou frigorifiques), la chaleur (ou le froid) qu'excitent ces rayons étant communiqué au liquide qui occupe l'espace compris entre les deux cônes, le changement de température est annoncé et mesuré par le changement qu'il occasionne dans la hauteur de la colonne du liquide qui se trouve dans le tube.

Un instrument de cette espece, que je fis construire en Angleterre, l'année 1801, se trouve actuellement dans le cabinet de physique de l'Institution Royale, à Londres : deux autres instruments pareils, construits en Baviere, se trouvent dans mon cabinet à Munich. La raison pour laquelle j'en donne ici une description si détaillée ; est que je regarde cet instrument comme très-utile dans des expériences sur les rayonnements calorifiques et frigorifiques des corps, et que je desire vivement engager les physiciens à tourner leur attention vers cet objet de recherches.

Il me reste à dire quelques mots sur la suite d'expériences dont j'ai rendu compte dans le mémoire qui fut lu à la Société Royale de Londres, le 3 février 1804, et que l'on trouvera ici joint, traduit par le professeur Pictet.

Ces expériences furent faites à Munich, l'année 1803, pendant les mois de janvier, février et mars, et selon que leurs résultats m'ont paru intéressants, je les ai aussitôt communiqués par lettres, à divers de mes amis, en Angleterre et en France; et entre autres, je communiquai au chevalier Banks, président de la Société Royale de Londres, les résultats si extraordinaires d'une expérience faite le 11 mars, avec deux vases métalliques, l'un nu et l'autre couvert d'une enveloppe de toile, remplis d'eau chaude, et exposés à refroidir dans l'air: je lui fis part aussi des expériences qui furent faites avec des vases *noircis et couverts de différentes couches de vernis*, et de leurs résultats : je lui communiquai aussi la découverte que j'avais faite, par le moyen de mon *thermoscope*, que différents corps, à la même température, envoyent des quantités très-différentes de rayons calorifiques, et que les rayons frigorifiques des corps froids sont aussi réels que les rayons calorifiques des corps chauds.

Comme mes lettres au chevalier BANKS furent montrées à plusieurs personnes, et comme je ne fis aucun secret vis-à-vis de lui, ni vis-à-vis de personne, ni de mes expériences, ni de leurs résultats, on parlait à Londres, publiquement, de mes découvertes, dès le commencement du printemps de l'année passée : j'ai une preuve bien positive de ce fait, dans une lettre d'un de mes amis (auquel je n'avais pas communiqué mes nouvelles découvertes), qui m'écrivit pour me féliciter sur le succès de mes recherches, et qui me marqua qu'il avait appris ce qu'il savait de mes découvertes par M. DAVY, professeur à l'Institution Royale, qui en avait parlé publiquement dans son cours de chimie.

Le mémoire dans lequel j'ai rendu compte de ces recherches fut achevé au commencement du mois de mai (de l'année 1803), et je suis parti de Munich, pour voyager en Suisse, au commencement du mois de juin. Ayant l'intention d'aller à Genève et de venir à Paris, je pris avec moi mon mémoire, et plusieurs de mes nouveaux instruments, entres autres un thermoscope.

Arrivé à Genève, au mois d'août, je lus mon mémoire, et répétai plusieurs expériences avec le thermoscope, devant le professeur PICTET, M. de SAUSSURE et plusieurs autres personnes.

Aussitôt que je fus arrivé à Paris, vers la fin du mois d'octobre, je fis copier mon mémoire (par M. CADEL, de Glasgow, qui se trouvait pour lors à Paris), et je l'envoyai à Londres, vers le milieu du mois de décembre, par M. LIVINGSTON le fils, qui eut la complaisance de le remettre lui-même entre les mains du chevalier BANKS, le 23 de décembre : les vacances de la Société Royale (de Noël) suivant de près, le mémoire ne fut lu aux séances publiques de la Société qu'au trois de février.

Le 6 de juin, on m'envoya de Londres (par M. LIVINGSTON le pere, ministre plénipotentiaire des Etats-Unis à Paris), deux copies du mémoire imprimé par ordre de la Société Royale : je reçus en même-temps une lettre de M. DAVY, professeur de chimie à l'Institution Royale, où il me marqua que M. LESLIE venait de publier un traité sur la chaleur, dans lequel il rend compte de plusieurs expériences semblables à quelques-unes des miennes.

Le 2 juillet, je reçus à Paris, des mains de M. BERTHOLET, le livre de M. LESLIE, qui me fut envoyé par le chevalier BANKS. M. BERTHOLET reçut en même-temps un exemplaire de cet Ouvrage, qui lui avait été envoyé par un de ses amis en Angleterre.

Comme je venais d'entretenir l'Institut National de mes récentes recherches et découvertes (1); l'arrivée d'un livre d'Angleterre, où on trouva des

(1) Entre le 19 mars et le 7 mai 1804, je présentai à l'Institut national cinq mémoires sur ce sujet. Ils seront imprimés dans les mémoires de l'Institut.

détails d'expériences et de découvertes semblables, à plusieurs égards, aux miennes, ne manqua pas d'exciter une certaine surprise parmi les savants de Paris, qu'il m'était facile d'apercevoir; et je me vois forcé, bien malgré moi, d'éclaircir un fait qu'il m'est essentiel de mettre dans son plus grand jour.

Je suis bien éloigné de prétendre que M. LESLIE ait eu connaissance de mes expériences, semblables à celles qu'il vient de publier; mais ce qu'il y a de bien certain, c'est que je n'ai eu, — je n'ai pu avoir, — aucune connaissance des siennes : c'est ce qu'il m'est bien facile de prouver.

Peut-être sera-t-il également aisé à M. LESLIE de prouver qu'il n'a eu aucune connaissance de mes expériences : on devra bien le croire, car en faisant quelques observations (dans une note) (1) sur mes expériences relatives à la propagation de la chaleur dans les fluides, il parle de moi comme d'un homme *déjà mort*, à l'époque où il écrivait.

Ce qu'il y a de bien sûr encore, c'est que nous ne nous connaissons point, pas même de vue, et que nous n'avons jamais eu la moindre correspondance ensemble.

Quant à *la priorité de la publication* de nos découvertes, les faits ne peuvent pas être difficiles à établir.

Je ne sais pas précisément l'époque de la publi-

(1) Voyez la note XXXIX, publiée à la fin de son ouvrage, qui commence par ces mots : A *late* ingeniens experimenter.

cation du livre de M. LESLIE ; mais il ne peut guere avoir été publié avant le milieu du mois de mai, de cette année (car, l'épître dédicatoire du livre est datée à Largo, Fifeshire (en Ecosse), le 20 mars 1804), c'est-à-dire plus d'une année après que les résultats les plus remarquables de mes recherches étaient connus à Londres ; — neuf mois après que le mémoire dans lequel j'ai rendu compte de ces recherches, fut lu devant une assemblée composée de plusieurs savants distingués, à Genève ; — cinq mois après que ce mémoire fut remis au président de la Société Royale à Londres ; — et plus de trois mois après qu'il fut lu publiquement devant cette Société.

Mais la *priorité* dont il s'agit ici me paraît une chose si indifférente en elle-même, que je n'en aurais jamais parlé, si les circonstances qui la prouvent ne tendaient pas en même-temps à constater un autre fait, qui est d'un tout autre degré d'importance : c'est de faire voir que je suis réellement l'auteur des découvertes que j'ai publiées.

Si M. LESLIE et moi, l'un en Ecosse et l'autre en Baviere, avons fait les mêmes découvertes, chacun pour soi, et à-peu-près en même-temps, c'est-là une chose qui est arrivée déjà plus d'une fois avant nous ; et quant à *l'explication des phénomenes*, les explications que nous avons proposées sont si différentes qu'il est impossible que nous ayons jamais aucune dispute sur la *propriété* de nos opinions. C'est-là où nous n'avons certainement rien emprunté l'un de l'autre.

D'ailleurs, je ne puis m'empêcher de croire que, même sans les détails que je viens d'exposer, ceux qui veulent bien se donner la peine de passer en revue les nombreuses expériences que j'ai faites sur la chaleur, depuis vingt ans, verront comment j'ai été mené par la marche naturelle de mon esprit, sous l'influence de mes opinions, aux recherches et aux découvertes dont il est question, sans avoir rien emprunté d'autrui.

Pour compléter l'historique de mes recherches sur la chaleur, je vais rendre compte, en peu de mots, de mes travaux depuis mon arrivée à Paris, vers la fin du mois d'octobre de l'année passée (1803).

Ayant apporté avec moi deux thermoscopes, je les ai fait monter par Dumontier, avec tout le soin possible; et j'ai fait venir de Munich plusieurs autres des instruments que j'avais employés dans mes recherches sur la chaleur, l'année précédente.

J'ai fait faire aussi plusieurs nouveaux instruments, pour des expériences nouvelles; et entre autres un appareil pour faire des recherches sur la marche de la chaleur dans l'intérieur d'une barre solide de métal; et dans le verre, et d'autres substances solides; je fis voir tous ces instruments à plusieurs membres de l'Intitut National, et nommément à MM. Laplace, Delambre, Prony et Biot.

Ce fut à ces savants et à M. Bertholet, que je proposai l'expérience du corps froid et le porte-voix (même avant que cet instrument fût construit), comme un moyen de terminer nos disputes (très-amicales) sur l'existence du calorique.

Cette expérience fut faite ensuite, en présence de MM. Laplace, Bertholet et Charles, au cabinet de physique de l'Institut National; et son résultat s'est trouvé tel que je l'avais prédit.

Le 28 ventôse an 12 (19 mars 1804), je présentai mon *premier* mémoire à la classe des sciences physiques et mathématiques de l'Institut National, dans lequel je rendis compte de mon thermoscope, et de plusieurs découvertes que j'avais faites par le moyen de cet instrument.

Le 5 germinal (26 mars 1804), je présentai un *second* mémoire à la classe, dans lequel je développai mes idées sur la nature de la chaleur et sur la maniere dont elle est excitée ou communiquée; et rendis compte de plusieurs de mes expériences sur le refroidissement des corps chauds dans l'air.

Le 19 germinal (9 avril 1804), je présentai un *troisieme* mémoire à la classe, où je rendis compte d'une nouvelle expérience sur la chaleur, que je venais de faire à Paris, par laquelle l'influence du rayonnement dans le refroidissement des corps fut démontrée d'une maniere nouvelle.

Le 10 floréal (30 avril 1804), mon *quatrieme* mémoire fut présenté à la classe : dans ce mémoire, je rendis compte d'une expérience que je venais de faire avec deux bouteilles, de même dimension, l'une de verre, et l'autre de fer blanc, qui furent remplies d'eau bouillante, et exposées ensuite à se refroidir dans l'air, en même-temps; l'eau contenue dans la bouteille de verre s'est trouvée refroidie presque deux fois plus vîte que celle qui était enfermée dans la bouteille de fer-blanc, nonobstant que les parois de cette derniere fussent beaucoup plus minces que les parois de la bouteille de verre : ce mémoire est terminé par quelques réflexions sur la comparaison que l'on a faite d'un corps chaud à une éponge remplie d'eau, et sur l'influence du rayonnement dans l'échauffement et le refroidissement des corps.

Le 17 floréal (7 mai 1804), je présentai mon *cinquieme* mémoire à la classe, dans lequel je rendis compte d'une nouvelle suite d'expériences que je venais de faire à Paris, sur la propagation de la chaleur dans une barre solide de métal, de six pouces de long, et d'un pouce et demi de diametre, échauffée à une de ses extrémités par de l'eau bouillante, et refroidie à l'autre, tantôt par un mélange d'eau et de glace pilée, et tantôt par de l'eau à la température de l'air de l'atmosphere.

M. Biot, de l'Institut National, entreprit à-peu-près en même temps que moi, une suite de recherches sur la propagation de la chaleur dans des barres métalliques, et autres corps solides. Il employa des barres plus longues que les miennes, et aussi des températures plus élevées : au reste, les résultats de nos expériences sont sensiblement les mêmes.

Il a eu l'heureuse idée d'employer des expériences pareilles pour mesurer de très-hauts degrés de température, celle par exemple dont on se sert pour cuire la porcelaine, et pour la fusion des métaux les plus difficiles à fondre.

Ayant été invité à préparer un résumé de mes recherches récentes sur la chaleur, pour être lu à la séance publique de l'Institut national, du 6 prairial (25 juin 1804), je présentai le mémoire qui se trouve à la suite de cet ouvrage. Comme il a déja été publié (dans le Moniteur du 9 prairial an 12, 29 juin 1804), il m'est permis de l'insérer dans ce recueil; mais comme mes cinq autres mémoires, présentés à la premiere classe de l'Institut, sont destinés à paraître dans les mémoires de cette classe, je ne suis point libre de les publier ici.

Pour compléter cette notice historique, je dois dire quelques mots sur mes différentes tentatives pour perfectionner l'application de la chaleur aux arts, et aux usages domestiques. De 15 *Essais* que j'ai publiés, en 3 volumes in-8, il y en a 8 qui sont sur différentes applications de la Chaleur. Les voici :

Essai IV, sur les cheminées; VI, sur le maniment du feu, et l'économie du combustible; X, sur les cheminées (supplémentaires); XII, sur la salubrité des chambres chaudes, en hiver; XIII, sur la salubrité des bains chauds, et sur leur construction; XIV, sur le maniment du feu dans les foyers clos; XV, sur l'emploi de la vapeur, comme véhicule, pour transporter la chaleur.

RECHERCHES

RECHERCHES

SUR

LA NATURE DE LA CHALEUR

ET LA

MANIERE DONT ELLE SE PROPAGE.

L'APPLICATION de la chaleur a lieu dans une si grande variété de procédés, que toute découverte qui y a rapport doit être considérée comme étant d'une grande importance pour l'humanité entiere. Si l'on acquiert sur sa nature et son mode d'action des connaissances plus approfondies, non seulement on pourra la produire avec plus d'économie, mais on la conservera mieux, et on dirigera ses opérations avec plus de précision et d'effet.

J'avais, depuis bien long-temps, lieu de présumer que si l'on observait avec soin les circonstances qui accompagnent le réchauffement et le réfroidissement des corps, ou la transmission de la chaleur d'une substance dans une autre, on obtiendrait quelques données de plus sur sa nature : et c'est d'après cette persuasion que j'ai principalement dirigé mes recherches vers cette classe de phénomenes. On peut donc considérer les expériences dont je vais rendre compte, comme étant une continuation de celles que j'ai eu l'honneur de mettre, à plusieurs époques, sous les yeux de la Société Royale, et que j'ai présentées au Public dans mes *Essais*.

Pour que l'attention de la Société ne soit pas détournée, au milieu des détails d'expériences intéressantes, par des descriptions d'instruments, je commencerai par décrire les appareils dont je me suis servi dans ces recherches ; et comme pour se former une idée nette des expériences, il faut très bien connaître les instruments employés, je les décrirai avec détail.

Les thermometres dont j'ai fait usage, au nombre de quatre, ont été construits sous mes yeux avec beaucoup de soin ; et les épreuves auxquelles je les ai soumis, m'ont montré qu'ils étaient très parfaits. Ils sont à mercure, et portent la division de FAHRENHEIT. Leur réservoir est cylindrique, et long de quatre pouces ; il a $\frac{4}{10}$ de pouce de diametre. Les tubes ont de quinze à seize pouces de longueur ; le mercure est très-pur ; et ils sont purgés d'air. Leurs échelles sont divisées avec le plus grand soin, à l'aide d'un nonius ; les degrés y sont subdivisés en huitiemes, qu'on distingue facilement. La division s'étend depuis environ 10 degrés au dessous de la congélation de l'eau, jusques à 5 ou 6 au dessus de l'eau bouillante. La monture se termine environ un pouce au dessus de la jonction du tube au réservoir, lequel est ainsi parfaitement isolé. Le terme de la congélation est distant d'environ cinq pouces du haut du réservoir ; le motif de cette disposition deviendra évident par le détail des expériences.

L'instrument que j'ai imaginé pour déterminer la chaleur relative des enveloppes est extrêmement simple ; ce n'est autre chose qu'un vase cylindrique, construit de minces feuilles de laiton, fermé aux deux bouts, sauf un col cylindrique étroit, par lequel on introduit, occasionnellement, de l'eau chaude.

Après avoir garni ce vase d'une enveloppe extérieure qui s'y applique juste, et qui est une étoffe ou telle autre matiere plus ou moins chaude, ou plutôt *vêtement* qui tient chaud, on le place, dans une position verticale, sur un pié de bois reposant sur une table, dans une chambre vaste et tranquille : on a préalablement introduit l'un des thermometres dont on a parlé, dans l'axe du vase, et on observe, en les notant à mesure, les temps que met à se réfroidir le liquide renfermé et revêtu de telle ou telle enveloppe.

Or, comne les temps que mettra le liquide à perdre un nombre donné de degrés de sa température, dans l'air froid dont il est entouré, seront d'autant plus longs ou plus courts, que l'enveloppe de l'appareil retiendra mieux ou moins bien la chaleur de ce même liquide, il est clair qu'en suivant cette marche, on déterminera exactement la chaleur relative de ses diverses enveloppes.

Je fis construire quatre appareils de ce genre,

de dimensions à-peu-près semblables : les cylindres ont quatre pouces de diametre sur quatre de hauteur; les goulots cylindriques ont environ $\frac{8}{10}$ de pouce de diametre, et quatre pouces de long, le goulot est placé au centre de la plaque circulaire qui forme la partie supérieure de ce vase cylindrique, et au centre de la plaque opposée, qui forme le fond du vase, une douille cylindrique de $\frac{8}{10}$ de pouce de diametre sur trois pouces de long, est adaptée pour recevoir le pié qui doit porter l'appareil, lequel se trouve ainsi soutenu de maniere que l'air ambiant a un libre accès à sa surface presque entiere.

Comme le réservoir du thermometre est de forme cylindrique et occupe l'axe du vase dans toute sa longueur, il est évident qu'il doit toujours indiquer la *température moyenne* du liquide contenu, quelque différence qu'il puisse y avoir entre les températures des diverses tranches du liquide.

La partie inférieure de la monture du thermometre entre en partie dans le goulot cylindrique du vase, et avec un frottement suffisant pour maintenir l'instrument en place sans risque de le casser.

L'extrémité inférieure du réservoir thermométrique est fort près du fond du vase, sans le toucher précisément.

La figure suivante donnera une idée nette de cet appareil placé sur son pied. Le pié est construit de maniere qu'on peut élever ou abaisser à volonté le corps de l'instrument. (Faute de place, le thermometre n'est pas représenté dans cette figure).

Fig. 1.

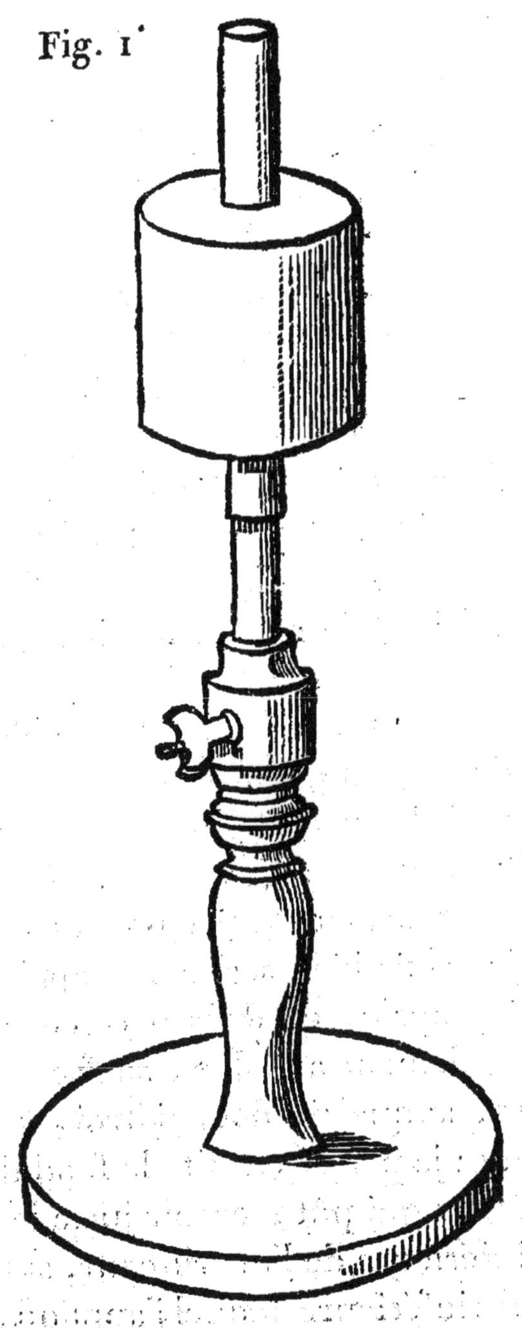

La description qui précede est si détaillée, que

la simple inspection de la figure peut suffire, sans renvois : on y voit le vase cylindrique soutenu par son pié de bois.

Comme dans les premieres expériences faites avec cet appareil, j'avais trouvé difficile d'appliquer mes enveloppes variées aussi bien à la section supérieure et inférieure, qu'à la circonférence verticale du vase, j'imaginai de couvrir ces deux sections d'une enveloppe permanente très-chaude, dans le but de forcer la plus grande partie possible de la chaleur à traverser la paroi cylindrique latérale, à laquelle je pouvais adapter des enveloppes de nature très-variée, et plus particulierement des couches d'air enfermé, d'épaisseurs différentes, et dont je desirais établir par expérience la chaleur relative.

Dans ce but, je me procurai deux boîtes de bois mince, et de forme cylindrique (comme les boîtes à pillules, mais beaucoup plus grandes); leur diametre était un peu moindre que celui de l'instrument, et elles avaient deux pouces et demi de hauteur : je les fis bien sécher, et après les avoir vernies à la copale, en dedans et en dehors, je les garnis également aux deux surfaces de papier fin à écrire, auquel je donnai trois couches du même vernis; je perçai ensuite le fond de chaque boîte d'un trou qui pût recevoir juste le goulot et la douille inférieure de l'instrument, sur les faces supérieure et inférieure duquel j'appliquai ces boîtes renversées, après les avoir remplies d'*édredon*.

Elles étaient maintenues en place par des moyens faciles à imaginer; et pour retenir la chaleur d'une maniere encore plus efficace, on couvrait chacune des boîtes d'un bonnet de fourrure, chaque fois qu'on se servait de l'instrument, enveloppe qui recouvrait aussi la partie du goulot qui se projettait au-dessus de la boîte.

On couvrit ainsi deux des appareils, que je désignerai par les numéros 1 et 2; on laissa les deux autres (n° 3 et n° 4) dans l'état représenté par la figure premiere, c'est-à-dire sans recouvrir leurs deux extrémités d'une maniere permanente.

On employait dans chaque expérience les deux appareils par paires; l'un des vases était *nu*, l'autre était *vêtu;* et comme la premiere de ces deux dispositions servait toujours de terme de comparaison, il est clair qu'on obtenait ainsi des résultats bien plus concluants que si les expériences faites à divers jours et avec des enveloppes différentes, eussent été comme isolées, et sans comparaison avec un appareil toujours identique et invariable par sa nature.

On procéda aux expériences, et on tint registre des résultats de la maniere suivante : on posait à terre, sur leurs pieds respectifs, les deux instruments destinés à l'expérience; on les remplissait d'eau bouillante jusques à environ 1 $\frac{1}{2}$ pouce du bord du goulot; on introduisait les thermometres respectifs, et on plaçait les deux appareils à environ trois pieds l'un de l'autre, sur une grande table, dans un salon assez vaste (1), où on les laissait se refroidir tranquillement; auprès d'eux, sur cette table, et à même hauteur au-dessus d'elle, était suspendu un thermometre destiné à indiquer la température de la chambre : on ne laissait point traverser ce sallon pendant les expériences; et pour éviter les courants partiels qu'aurait pû causer dans l'air de la chambre la chaleur excitée par la lumiere du dehors, on tenait les volets constamment fermés, à l'exception d'un seul, qu'on ouvrait de temps en temps pour observer le thermometre et prendre note des progrès de l'expérience.

On tenait registre des résultats de chacune sur une feuille séparée, rayée d'avance en colonnes verticales et lignes horisontales, conformément au système de notation jugé le plus complet. Ci-dessous est la copie exacte de l'une de ces feuilles; elles contient les résultats d'une expérience très-intéressante qui dura vingt-six heures.

Expériences sur la chaleur, faites à Munich le 11 *mars* 1803.

« Les grands vases cylindriques, numéros 1 et 2 « (faits de laiton mince en feuilles) étaient remplis « d'eau chaude, et exposés à se réfroidir dans une « grande chambre, où régnait une parfaite tranquil- « lité. — Les extrémités des deux instruments « étaient chaudement revêtus de fourrures, etc. « —Les cotés polis, verticaux, du vase n° 1, étaient

(1) Cette piece qui est contiguë à mon laboratoire à Munich, a 19 pieds de large sur 24 de long et 13 de haut.

« *nus;* les côtés du vase n° 2 étaient revêtus d'une « seule enveloppe de toile blanche, fine, d'Irlande, « qui n'était pas neuve, et qu'on avait exactement « serrée contre la surface métallique. »

Temps.		Températ.		Température de l'air.	Temps.		Températ.		Température de l'air.
H.	M.	N° 1 nu.	N° 2 revêtu		H.	M.	N° 1 nu.	N° 2 revêtu	
10	10	126½°	126°	43½°	4	—	61¾°	53½°	34½°
—	30	109½	106½	43½	—	30	59½	52	—
—	45	105	100⅛	43¾	5	30	57	49¾	42½
11	—	101¼	94¾	44	6	—	55½	49⅛	—
—	2½	—	94	—	—	30	54¼	48¼	—
—	15	97½	90¾	—	7	—	53½	47½	42
—	30	94	86¼	—	8	—	51½	46½	—
—	39	—	84	—	9	—	50	45¾	—
—	45	91¼	82½	—	10	—	49	45	—
12	—	88½	79⅜	—	8	12 mars.	43	42	40
—	15	85½	76	—	On transporte les instruments dans une chambre réchauffée.				
—	25	84	—	—	8	2	43	42	62
—	30	—	74½	—	—	32	44¾	44¾	62½
—	45	80	70	—	—	47	46	46½	63
1	—	78	68⅛	—	9	24	48	49½	—
—	30	74¼	64¼	—	10	—	50	52	—
2	—	71⅛	61½	43¾	—	41	51½	53⅞	—
—	30	68⅛	58¾	43½	12	—	54	56½	—
3	—	65¾	56¾	—	12	26	54½	57	—
—	30	63½	54¾	—	On termine l'expérience.				

Quoiqu'il fut facile de découvrir, au premier coup-d'œil jeté sur le registre, si l'enveloppe qui recouvrait l'un des deux instruments prolongeait ou non la durée de son réfroidissement, cependant, pour comparer les résultats de diverses expériences, et sur-tout de celles faites à jours différents, de maniere à déterminer avec précision *de combien* certaine enveloppe serait plus chaude qu'une autre, il fallait fixer un certain intervalle entre deux températures indiquées par le thermometre, dont l'une fût toujours choisie à même distance de celle de l'air de la chambre, afin que la chaleur vestimentale, rélative, de telle ou telle enveloppe, ou sa faculté de retenir la chaleur, pût être estimée avec certitude par le temps qu'emploierait l'appareil revêtu de cette enveloppe, à se réfroidir de la quantité donnée.

Le résultat d'un grand nombre d'expériences m'a appris que le même appareil se réfroidissait toujours d'un même nombre de dégrés (peu considérable, par exemple, 10°), dans le même-temps, à-peu-près, quelle que fût la température de l'air de la chambre, pourvu que *la différence* entre la température initiale de l'appareil et celle de la chambre, en commençant l'expérience, fut la même.

L'intervalle de température que je choisis pour comparer les résultats de mes expériences sont de 10 degrés de l'échelle du thermometre de Fahrenheit, commençant toujours avec le cinquantieme degré au-dessus de la température de l'air environnant, et finissant avec le quarantieme degré au-dessus de cette température. Ainsi, par exemple, lorsque l'air se trouvait à 58°, l'intervalle commençait à 108° et finissait à 98 ; mais quand la température de l'air se trouvait être celle de 64° $\frac{1}{2}$, l'intervalle commençait à 114° $\frac{1}{2}$, et finissait à 104° $\frac{1}{2}$.

On verra par les résultats suivants, de onze expériences, faites à jours différents, et avec des températures ambiantes diverses, que, lorsque *la différence initiale* de température entre l'appareil et l'air de la chambre, est la même, le même appareil perd à-peu-près un nombre égal de degrés de chaleur dans le même temps.

Le vase cylindrique n° 1, ayant ses deux surfaces, supérieure et inférieure, bien garnies d'édredon, fourrures, etc, et ses côtés exposés à nu à l'air, dans une grande chambre tranquille, se réfroidit de 10°, c'est-à-dire descendit du cinquantieme, au-dessus de la température ambiante, au quarantieme, en suivant la marche indiquée dans le tableau ci-dessous.

Température de l'Air environnant.	Abaissement de température de 10 degrés, savoir :	Temps employé à perdre 10 deg. de chaleur.
44°	de 94° à 84°	55 min.
45 $\frac{1}{4}$	95 $\frac{1}{4}$ à 85 $\frac{1}{4}$	55 $\frac{1}{2}$
48	98 à 88	55 $\frac{1}{4}$
51 $\frac{1}{2}$	101 $\frac{1}{2}$ à 91 $\frac{1}{2}$	55 $\frac{1}{2}$
52	102 à 92	55
54	104 à 94	54 $\frac{1}{4}$
44	94 à 84	55 $\frac{5}{6}$
42 $\frac{1}{2}$	92 $\frac{1}{2}$ à 82 $\frac{1}{2}$	55 $\frac{1}{3}$
45	95 à 85	56
46	96 à 86	55
44	94 à 84	55 $\frac{1}{2}$

Le fait que ces expériences établissent a été confirmé par plusieurs autres, faites avec des instruments différents, et par une température ambiante de 64°; mais ce n'est pas ici le lieu d'en rendre un compte particulier.

Comme il arrivait quelquefois (quoique très-rarement), que dans le cours d'une expérience qui durait ordinairement plusieurs heures, j'étais appelé ailleurs, et que je ne pouvais observer le thermometre au moment de l'arrivée du mercure à l'un ou l'autre des points, qui formait ou le commencement ou la fin de l'intervalle, il devint très-essentiel de trouver des moyens de suppléer à ces accidents, et d'établir par interpellation les points non observés.

Pour faciliter ce calcul, j'essayai de rechercher la loi du réfroidissement des corps chauds dans un milieu froid ambiant, et j'eus lieu de conclure :

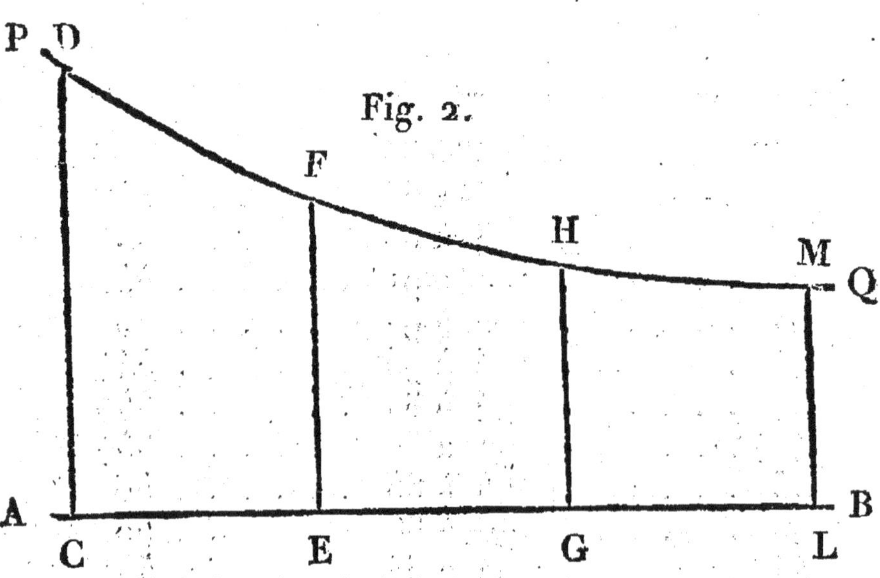

Fig. 2.

Que si, sur une ligne droite A B, on éleve une perpendiculairé C D égale à la différence des températures du corps chaud et du milieu ambiant, exprimé en degrés du thermometre; et qu'après avoir représenté un certain temps donné par C E, pris sur la ligne A B, on éleve au point E une autre perpendiculaire E F, égale à la différence des températures à la fin du temps représenté par C E, et si, de même, les perpendiculaires G H, et L M, représentent la différence des températures, à l'expiration des temps représentés par E G, et G L; la courbe P Q qui sera menée par les points D, F, H, M, sera la logarithmique; ou, si elle en differe, il sera de si peu, sur-tout pour un petit nombre de degrés, et par une température élevée de 40° à 50° au-dessus du milieu ambiant, qu'aucune erreur sensible ne pourra résulter de la supposition que cette courbe soit précisément la logarithmique, et on pourra établir, d'après elle, par le calcul, telles observations dont on aurait été privé par les circonstances. Ce calcul sera facile à faire au moyen d'une table de logarithmes, de la maniere suivante.

Supposons qu'on ait déterminé par observation C D, C G, et G H, et qu'on cherche par le calcul l'abscisse C E, correspondante à une ordonnée quelconque intermédiaire E F; ou, ce qui revient au même, de chercher *à quel instant* le corps qui se réfroidit s'est trouvé à la température intermédiaire = E F, entre la température = C D que l'observation indiquait, au temps C, et la température = G H observée à la fin du temps C G.

On a, log. C D — log. G H : C G : : 1 : *m* (*m* est le module des tables, ou la soustangente de la courbe au point D. (1))

Et, C E $= m \times$ log. C D — log. E F.

Si, par exemple, dans l'expérience du 11 mars (dont on vient de donner les détails), l'observation de l'instant auquel l'instrument n° 2 atteignit en se réfroidissant, le point important de 94°, n'eût pas été faite, on pourrait y suppléer par le calcul, de la maniere suivante.

On a C D $= 94\frac{3}{4}$, température observée la plus voisine au-dessus de E F ($= 94°$) : et G H $= 90\frac{1}{4}$, température la plus rapprochée, au-dessous; et C G $=$ 15 minutes ou 900 secondes, temps écoulé entre ces deux observations.

$$\begin{array}{rl} \text{On a, log. } 94\frac{3}{4} = & 1.9765792 \\ - \text{log. } 90\frac{1}{4} = & 1.9554472 \\ \hline \text{Diff. CD} - \text{log. GH} = & 0.0211320 \end{array}$$

Et, 0.0211320 est à 900 (=CG)
comme 1 à 42590 $= m$.

(1) La soustangente montre dans quel intervalle de temps l'instrument se refroidirait jusqu'à la température ambiante, si la marche de son refroidissement au point D demeurait *uniforme*. Et, comme la soustangente de la logarithmique est constante, si P Q est cette courbe, il s'ensuit que la vitesse avec laquelle un corps chaud se refroidit dans un milieu fluide ambiant, est partout telle, que si elle était uniformément continuée, le corps atteindrait la température du milieu, dans *le même temps*; quel que pût être l'excès de température du corps chaud sur celle du milieu ambiant, au moment où la marche de son refroidissement devient uniforme.

On a de plus, log. $94\frac{3}{4} = 1.9765792$

Log. $94 = 1.9731279$

Diff. log. CD — log. EF = 0·0034513

Or, 42590 × 0.0034513 (= *m* × log. CD — log. EF) = 147 secondes, soit 2 minutes 27 secondes; quantité qui ne differe guere de 2 minutes 30 secondes, temps observé.

Ainsi encore, si de la température observée à 11 heures 30′ = $86\frac{1}{4}°$, et celle observée à 11 h. 45′ = $82\frac{1}{2}°$; et le temps écoulé entre ces deux observations = 15 minutes, on veut déduire, par un calcul analogue au précédent, l'instant auquel la température de l'instrument était à 84°, (terme inférieur de l'intervalle en question de 10°, répondant à la température 44°, de l'air dans lequel se refroidissait l'appareil), on trouvera 8 minutes 55 secondes après 11 heures 30′. L'observation donne 11 h. 39′, résultat qui ne differe que de 5 secondes de celui fourni par le calcul.

Si ce qu'un des plus grands hommes qui ait jamais existé a avancé, était strictement vrai, savoir, que la célérité avec laquelle un corps chaud plongé dans un milieu fluide froid, perd de sa chaleur, est comme la différence de la température de ce corps d'avec celle du milieu ambiant, il est certain que la courbe P Q ne pourrait être que la logarithmique. Peut-être c'est elle en effet; et en ce cas, les différences observées ne doivent être attribuées qu'aux imperfections de la division de nos thermometres. Il ne serait donc pas impossible de diviser l'échelle d'un thermometre de maniere à indiquer avec certitude *des accroissements égaux de chaleur.* Mais ce n'est pas ici le lieu de développer cette idée; je pourrai peut-être y revenir dans la suite.

Passant sous silence un grand nombre d'expériences qui ont été faites dans la vue d'apprendre à connaître la marche de mes nouveaux instruments, et à m'assurer de leur exactitude, je me hâte de rendre compte d'une suite de recherches qui m'ont donné des résultats très-intéressants.

Premiere expérience. Le grand vase cylindrique n° 1, garni d'enveloppes chaudes à ses deux extrémités, mais ayant sa paroi verticale nue et très-polie, fut remplie d'eau presque bouillante; et, monté sur son pied de bois, il fut placé sur une table dans une grande chambre tranquille, dont la température était 45° F.

Un autre vase cylindrique, n° 2, tout semblable au premier, couvert de même aux extrémités, mais dont la surface cylindrique était revêtue d'une enveloppe de toile fine d'Irlande (du prix de 4 schelings le yard), appliquée fort juste contre le métal, fut rempli en même temps d'eau à la même température, et mis à refroidir sur la même table.

Cette expérience dura plusieurs heures, et dans cet intervalle on observa très-fréquemment la température des deux vases, et on en tint registre. Le tableau de la marche comparative des refroidissements a été donné plus haut (page 9), en forme d'exemple;

d'exemple ; et il présente des résultats très-remarquables.

Tandis que l'instrument n° 1, *dont les parois étaient nues*, employa 55 minutes à descendre de 94° à 84°, l'instrument n° 2, *revêtu de toile*, perdit la même quantité de sa chaleur en 36 ½ minutes.

Il paraît donc qu'il y a des cas dans lesquels une enveloppe peut faciliter la sortie de la chaleur hors d'un corps chaud, au lieu de lui être un obstacle.

Je desirais éprouver si la même enveloppe faciliterait, ou non, l'arrivée de la chaleur extérieure, tendant à *pénétrer dans* l'appareil. Ainsi, après avoir laissé refroidir les deux instruments jusques à la température d'environ 42°, je les transportai, simultanément, dans une chambre réchauffée à 62°, et je trouvai que l'appareil revêtu de toile acquit la chaleur beaucoup plus promptement que l'autre qui était nu (1).

La découverte de ces faits extraordinaires me surprit, et excita toute ma curiosité : je m'occupai de suite à en rechercher les causes.

On sait bien que l'air adhere avec opiniâtreté aux surfaces de certains corps solides, et j'imaginai qu'il serait possible que les particules d'air, en contact immédiat avec la surface du vase cylindrique, n° 1, lui demeurassent attachées avec une certaine force ; et s'il en était ainsi, comme on sait que l'air, adhérent à une surface, forme une

(1) On peut voir, page 9, les détails de cette expérience, qui fut faite le 11 mars 1803.

enveloppe très-chaude, il me parut possible que le refroidissement du vase n° 1 eût été retardé par cette couche invisible d'air retenu, couche qui, dans l'expérience faite avec le vase n° 2, pouvait avoir été déplacée et comme balayée par l'enveloppe, plus froide, de toile, par laquelle le corps de l'instrument était étroitement serré.

Je concevais que la toile ne pouvait hâter le refroidissement que de deux manieres; soit en facilitant l'approche d'une série de particules d'air frais; ou en augmentant les effets du rayonnement; et ce fut dans le but d'éclaircir ce point important, que j'entrepris les expériences suivantes.

Seconde expérience. Je substituai à l'enveloppe de toile du n° 2, une couche mince et transparente de colle forte; et lorsqu'elle fut bien séche et durcie, je remplis d'eau chaude les deux appareils, et j'observai, comme auparavant, leur marche respective dans le réfroidissement.

Résultat: Temps employé dans le réfroidissement de 10 degrés, savoir du cinquantieme au quarantieme degré au-dessus de la température ambiante.

Appareil n° 1, *nu*. . . . . 55 minut.
N° 2, enduit d'une couche de colle, $43\frac{1}{2}$

Si nous essayons de raisonner sur cette expérience, nous dirons, qu'en supposant que l'enduit de colle, devenu la véritable surface du corps chaud, a accéléré son réfroidissement en facilitant l'approche et le contact momentanée d'une suite de particules d'air froid contre la surface de l'enduit, comme la présence d'une seule couche de cet enduit a dû exclure aussi complétement la lame d'air présumée adhérente au métal, qu'auraient pu le faire deux, ou un plus grand nombre de couches, de la même matiere, la présence de deux couches ne pourrait produire plus d'effet qu'une seule. Si au contraire le refroidissement de l'appareil dans cette expérience n'était pas hâté par quelque influence de l'enduit sur la rapidité de la circulation de l'air ambiant, mais en augmentant, d'une maniere ou d'une autre, les effets du rayonnement du corps chaud; dans ce cas, dis-je, on pouvait soupçonner que deux couches de colle auraient peut-être plus d'effet qu'une seule. Je mis cette conjecture à l'épreuve, par l'expérience suivante.

Troisieme expérience. Je donnai à l'appareil n° 2 une seconde couche de colle, et lorsqu'elle fut bien seche, je répétai l'expérience, et j'obtins le résultat suivant :

	Temps du refroidissement des 10 degrés en question.
Instrument n° 1. Surface métallique, nue	$55\frac{1}{3}$ min.
Inst. n° 2. Enduite de 2 couches de colle,	$37\frac{5}{6}$

Trouvant que deux couches transparentes de colle facilitaient la sortie de la chaleur plus encore qu'une seule, je fis disparaître les deux couches par un lavage à l'eau chaude, et après avoir parfaitement nettoyé la surface cylindrique de l'appareil, je la recouvris d'une couche de vernis à l'esprit de vin, bien transparente et sans couleur. Quand l'enduit fut sec je répétai l'expérience : elle me prouva que la couche de vernis accélérait le réfroidissement, comme l'avait fait celle de colle : j'ajoutai une seconde couche de vernis, et je répétai l'expérience. J'en ajoutai deux autres couches, et observant que le réfroidissement devenait de plus en plus rapide à mesure que j'augmentais l'épaisseur de l'enduit, j'ajoutai *quatre* couches encore, faisant *huit* en tout; ayant toujours soin de laisser bien sécher la couche précédente avant d'en appliquer une suivante. Mais avec huit couches je passai la limite d'épaisseur qui produisait le plus grand effet, comme on le verra ci-dessous.

Pour présenter à la fois les résultats des expériences faites avec des couches de vernis d'épaisseurs différentes, je vais les réunir dans un tableau, en plaçant toujours vis-à-vis de chacune l'étalon commun de comparaison, savoir, le résultat de l'expérience faite avec l'appareil n° 1, qui était à nu.

NUMÉROS DES EXPÉRIENCES.	L'INSTRUMENT s'est refroidi des 10 degrés.	L'INSTRUMENT N° 2. verni	N° 1. à nu.
		min.	min.
N° 4.	avec une couche de vernis, en	42 en	$55\frac{1}{2}$
N° 5.	— deux couches	$35\frac{3}{4}$	$55\frac{1}{4}$
N° 6.	— quatre couches	$30\frac{1}{4}$	$55\frac{1}{2}$
N° 7.	— huit couches	$34\frac{1}{4}$	55

Huitieme expérience. Je desirai éprouver quelle influence aurait *la couleur* dans ces résultats : je noircis les parois du n° 2 avec du noir de fumée délayé dans de la colle, et cet enduit fut mis par dessus la huitieme couche de vernis; j'obtins les résultats suivants :

	TEMPS du refroidissement.
Instrument n° 1. A nu	$54\frac{1}{4}$ min.
Inst. n° 2. Enduit de 8 couches de vernis, plus une de noir de fumée . .	34

Neuvieme expérience. Trouvant que la couche de noir de fumée ajoutée à la couche épaisse de vernis accélérait le réfroidissement de l'appareil, j'enlevai la couche noire avec de l'eau chaude, et celles de vernis avec l'alcool chaud, et j'appliquai aux parois de l'instrument un simple enduit de noir, délayé dans la colle; quand tout fut sec, je répétai l'expérience, et j'eus le résultat suivant :

	TEMPS du refroidissement des 10 degrés.
Instrument n° 1. A nu.	$55\frac{1}{6}$ min.
Instrument n° 2. *Noirci* à la colle . . .	35

Dixieme expérience. Pour découvrir si la *noirceur* de l'enduit contribuait à l'effet observé, ou si toute autre matiere colorante n'agirait point de même, j'enlevai cette couche, et lui substituai *du blanc* délayé dans la colle; voici le résultat :

	TEMPS du refroidissement des 10 degrés.
Instrument n° 1. A nu.	$55\frac{1}{3}$ min.
Instrument n° 2. *Blanchi* à la colle . .	36

Comme dans les deux dernieres expériences il fut trouvé nécessaire de peindre le corps de l'instrument trois ou quatre fois, pour couvrir la surface du métal, de maniere à ne plus apercevoir son éclat métallique à travers la peinture, il est évident que la surface du métal se trouvait couverte d'ue couche de colle assez épaisse, qui sans doute influait très-sensiblement sur les résultats de l'expérience, et rendait impossible de détermi ner d'une maniere satisfaisante l'effet que produisait la matiere colorante.

Onzieme expérience. Dans la vue de jeter encore quelque lumiere sur ce sujet curieux, j'enlevai l'enduit de l'instrument n° 2, et je noircis très-complétement sa surface (ou pour mieux dire, la surface de sa paroi verticale) en la promenant au-dessus d'une bougie allumée; je répétai ensuite l'expérience comparative, et j'obtins les résultats suivans:

	Temps du refroidissement de 10 degrés.
Instrument n° 1. A nu.	$55\frac{1}{8}$ min.
Instrument n° 2. *Noirci* sur la flamme d'une bougie.	$36\frac{1}{8}$

Pour apprécier la quantité de matiere qui formait la couche noire dont l'instrument était recouvert, je pesai bien exactement un petit morceau de toile, propre, et très-fine; je l'employai ensuite à essuyer tout le noir de fumée dont j'avais enduit le métal, et qui demeura en entier attaché au linge, lequel, pesé de nouveau, m'apprit que toute cette matiere noire, qui avait assez complétement recouvert cinquante pouces superficiels de métal poli, pour qu'on ne pût apercevoir son luisant nulle part au travers, ne pesait que $\frac{1}{18}$ de grain. (Troy).

Or, en supposant la densité du noir de fumée à-peu-près égale à celle de l'eau, cette couche ne devait avoir que $\frac{1}{4509}$ de pouce d'épaisseur. Et il reste à montrer comment un enduit aussi mince pouvait contribuer d'une maniere aussi efficace qu'on l'a vu au réfroidissement de l'appareil.

Mais avant de pousser plus loin cette recherche, je dois faire quelques remarques sur les résultats des expériences précédentes.

Quoique nous puissions présumer avec sécurité que la vîtesse avec laquelle la chaleur *passait au travers des parois latérales des instruments* (1),

(1) Je me trouve ici, comme ailleurs, obligé d'employer un langage qui n'est point aussi correct que je le desirerais. Je ne crois pas que la chaleur *s'échappe* jamais, de la maniere indiquée par mes expressions ; mais je ne pouvais pas encore en hasarder d'autres pour désigner les phénomènes dont il est question, quelqu'adaptées qu'elles pussent être aux faits qui se présentent en réalité. Si l'on venait à découvrir que le *calorique* est, tout comme le *phlogistique*, un enfant de l'imagination, et qu'il n'a aucune existence réelle (ce qui m'a toujours paru très-probable), alors on s'exprimerait d'une maniere incorrecte, en disant que la chaleur *s'échappe* d'un corps et *passe* dans un autre. Mais combien ne nous arrive-t-il pas souvent d'être forcé à employer un langage figuré lorsque nous parlons des phénomenes de la nature ?

était à-peu-près inverse des temps du refroidissement, dans l'intervalle de 10 degrés observé ; cependant, comme il doit s'être échappé dans le cours des expériences un peu de chaleur *par les parties supérieure et inférieure du vase cylindrique*, quelque soigneusement garnies qu'elles fussent, il faut, pour que la comparaison soit plus juste, trouver la quantité relative de chaleur qui s'est dissipée par cette voie pendant les expériences.

Pour déterminer ce point, je fis deux expériences comparatives, avec le seul appareil n° 1, la premiere, sans garniture aux extrémités ; et la seconde, avec la garniture : dans la premiere, le réfroidissement des 10 degrés eut lieu en 45 $\frac{1}{2}$ minutes ; dans la seconde, et par une moyenne entre plusieurs expériences, en 55 $\frac{1}{2}$ min.

Voici les dimensions de l'instrument, mesurées exactement.

Diametre du corps du cylindre. . .	4.03 pouces.
Longueur, soit hauteur du cylindre.	3.96
Diametre du goulot.	0.8
Longueur du goulot	4.0

Ces dimensions donnent la surface des diverses parties, comme suit : surface cylindrique verticale, $(= 4.03 \times 3.14159 \times 3.96) = 50.136$ pouces.

Surface du fond circulaire de l'instrument $(= 4.03 \times 3.14159 \times \frac{4.93}{4}) = 12.755$ pouces, sans déduction pour la partie de cette surface occupée par la douille qui reçoit le pied.

Superficie de la plaque circulaire qui forme la partie supérieure du cylindre (déduction faite de 0.502 de pouces de superficie, pour le trou circulaire qui recevait l'extrémité inférieure du goulot.) = 12.253 pouces.

Surface du goulot cylindrique (= 0.8 × 3.14159 × 4) = 10.051.

Si nous supposons maintenant que la chaleur traverse avec une égale vîtesse toutes les parties non revêtues de la surface de l'appareil, nous pourrons déterminer la portion relative qui a échappé par les parties supérieure et inférieure du cilindre, et par le goulot, dans les expériences dans lesquelles ces surfaces étaient garnies d'une enveloppe chaude.

La surface métallique totale, dans l'appareil nu, s'éleve à 85.195 pouces quarrés, savoir :

Paroi cylindrique verticale . . .	50.136 pouces.
Partie inférieure, ou fond. . . .	12.755
— Supérieure	12.253
Goulot	10.051
	85.195 pouces.

L'instrument mis à réfroidir, à nu, perdait ses 10 degrés de température en 45 ½ minutes.

Pour établir les quantités relatives de chaleur qui se sont échappées par les diverses parties de la surface de l'appareil, il faut représenter, par un nombre quelconque, par 10,000, par exemple, la quantité totale dissipée dans cette expérience ; et admettant que ces quantités sont, toutes choses égales, dans le rapport des surfaces, il faut diviser ce nombre proportionnellement entre les surfaces relatives des diverses parties de l'appareil.

Ainsi, pour trouver la proportion appartenant à la paroi cylindrique, on dira : 85.195 pouces quarrés (surface totale), sont à 10.000 (chaleur totale dissipée) comme 50.136 pouces quarrés (surface de la paroi du cylindre), est à 5885, chaleur perdue par cette surface, dans les 45 ½ min. qu'a duré l'expérience.

Or, comme on peut croire que, toutes choses égales, la quantité de chaleur qui traverse une *surface donnée*, est comme les temps écoulés, il est aisé de déterminer la proportion relative de chaleur qui a traversé la paroi cylindrique, dans les expériences dans lesquelles le reste de l'instrument était muni d'une couverture; et par conséquent, la quantité relative qui s'est frayé un passage au travers de ces parties revêtues.

L'instrument ayant sa base et son dessus soigneusement garnis d'édredon, fourrures, etc, perdit ses 10 degrés de chaleur en 55 ½ minutes; or, comme 5885 parties seulement de la chaleur totale avaient traversé la paroi cylindrique en 45 ½ min. il est clair qu'en 55 ½ min. 7015 parties seulement ont pu s'échapper de cette même surface : ainsi, le surplus de chaleur perdu par l'appareil dans l'expérience en question, savoir, 2985 parties, doit avoir traversé le haut, le bas et le goulot du vase (quoique garnis), pendant la période donnée de 55 ½ minutes.

En admettant que ces calculs sont justes, nous allons rechercher plus exactement quelles ont été les quantités relatives de chaleur qui ont traversé la paroi cylindrique de l'instrument n° 2, lorsque cette paroi a été alternativement exposée au refroidissement, nue, et revêtue de diverses enveloppes qui paraissaient faciliter le passage de la chaleur.

Dans l'expérience n° 11, dans laquelle la paroi cylindrique fut noircie à la flamme d'une bougie, l'instrument perdit ses 10 degrés en 36 $\frac{1}{8}$ min. : dans cet intervalle, une quantité de chaleur représentée par le nombre 1943, doit s'être échappée par les extrémités recouvertes et par le goulot de l'instrument ; car, si 2985 parties ont passé par ce chemin en 55 $\frac{1}{2}$ min. 1943 parties doivent avoir passé en 36 $\frac{1}{8}$ min.

Cette quantité, retranchée de 10000, perte totale pendant l'expérience, laisse 8057 parties pour la proportion qui a traversé la paroi cylindrique de l'instrument dans l'expérience en question.

Maintenant, si une quantité de chaleur = 7015 parties emploie 55 $\frac{1}{2}$ min. à passer au travers de la paroi nue de l'instrument, ainsi qu'on l'a vu, la quantité en question = 8,057 parties exigerait 63 $\frac{3}{4}$ min. pour traverser la même surface.

Mais, lorsque cette surface fut noircie sur la flamme d'une bougie, cette quantité de chaleur passa au travers d'elle en 36 $\frac{1}{8}$ min. ; d'où il paraît que la vitesse avec laquelle la chaleur s'échappe de la surface polie d'un métal chaud, qui se refroidit dans l'air, est à la vîtesse avec laquelle elle se dissipe lorsque la surface métallique est noircie, par le procédé indiqué, comme 36 $\frac{1}{8}$ à 63 $\frac{3}{4}$, ou comme 5654 à 10000, à très-peu-près : car les vîtesses sont inversement comme les temps de refroidissement.

Ainsi encore, dans l'expérience nº 6, la paroi de l'instrument nº 2 étant recouverte de quatre couches de vernis, on observa qu'il perdait ses 10 degrés de température en 30 $\frac{1}{4}$ min. Dans cet intervalle, une quantité de chaleur représentée par le nombre 1627 doit être échappée par les extrémités recouvertes, de l'instrument, et le reste, 8373 doit avoir *traversé la paroi vernissée.*

Cette quantité = 8373 aurait employé 66 $\frac{1}{4}$ min. à se dissiper au travers de *la paroi nue et non vernissée* de l'instrument ; et puisqu'elle a réellement passé en 31 $\frac{1}{4}$ min., il paraît que les vîtesses relatives dans les deux cas sont dans le rapport de 30 $\frac{1}{4}$ à 66 $\frac{1}{4}$, ou comme 4566 est à 10000.

Sans pousser plus loin ces calculs, et sans nous arrêter à des remarques sur les faits curieux qu'ils nous offrent, je me hâte d'arriver à des expériences qui nous fourniront des données plus satisfaisantes; mais je dois auparavant faire connaître un instrument que j'imaginai pour mesurer, ou plutôt pour *découvrir* ces très-petites variations dans la température des corps, qui sont occasionnées par les rayonnements des corps environnants qui se trouvent être à une température un peu plus haute, ou plus basse que la leur.

Cet instrument, que j'appellerai *thermoscope*, est d'une construction très-simple : (1) il est composé d'un long tube de verre recourbé à ses deux extrémités, et portant à chacun de ses deux bouts une boule très-mince de verre, d'un pouce et demi de diametre. Le milieu de ce tube, qui est droit, est posé horizontalement, pendant que ses deux extrémités, terminées par les deux boules, sont tournées en haut de maniere à former deux coudes à angles droits, avec la partie horizontale du tube.

La partie horizontale du tube a de 15 à 16 pouces de longueur, d'un coude à l'autre ; et chacune de ses deux extrémités, qui se trouve dans une position verticale, a 6 à 7 pouces de long. Le diametre intérieur du tube doit être d'environ une demi-ligne.

Par le moyen d'un petit *réservoir* de verre, d'un pouce de long, et d'une ligne de diametre intérieurement, soudé au tube, à un de ses coudes, et projettant obliquement en bas, et un peu de côté, une petite quantité d'esprit de vin teint en rouge est introduite dans l'intérieur de l'instrument, justement assez pour remplir le réservoir sans interrompre le libre passage de l'air d'une des boules à l'autre ; et quand cela est fait, l'extrémité du

(1) La description que nous donnons ici du thermoscope, est prise en partie du mémoire de l'auteur, présenté à la société royale de Londres, et en partie des différents mémoires sur la chaleur qu'il vient de présenter à l'Institut national de France.

réservoir est scellée hermétiquement, et toute communication est interrompue à jamais entre l'air enfermé dans l'instrument et l'air extérieur de l'atmosphere.

On remplit le réservoir de la maniere suivante.

L'extrêmité du réservoir ayant été rendue capillaire, on place l'instrument solidement sur un pied de bois, de la maniere représentée par la figure suivante,

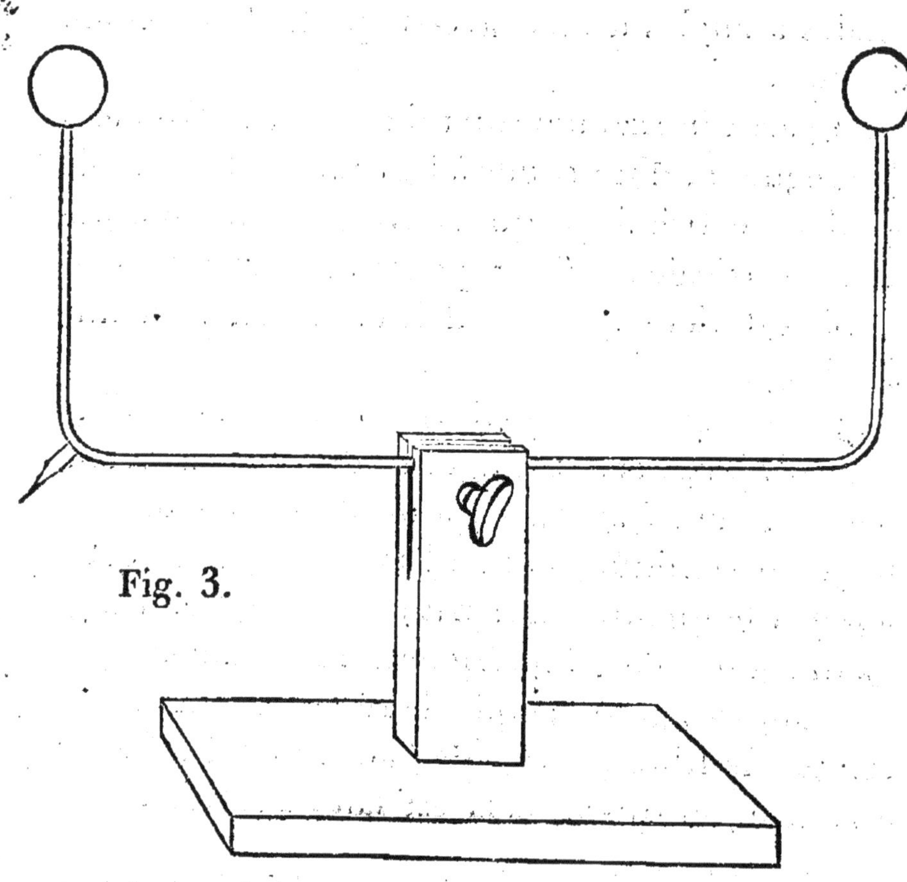

Fig. 3.

et on le laisse, pendant quelques heures, dans une chambre tranquille, où la température est uniforme et tempérée. Ensuite s'approchant de l'instrument et plongeant avec précaution l'extrémité capillaire du réservoir dans une très-petite phiole remplie d'esprit de vin teint en rouge, attachant en même temps la phiole au coude du tube, on transporte l'instrument dans une chambre plus froide, où on le laisse tranquille.

L'air qui se trouve dans les deux boules de l'instrument étant refroidi, et perdant une partie de son élasticité en conséquence de ce refroidissement, l'air de l'atmosphere force l'esprit de vin, qui se trouve dans la bouteille, d'entrer dans le réservoir; mais comme l'ouverture du réservoir est très-étroite, cette opération avance très-lentement; et comme il faut éviter de s'approcher de l'instrument durant l'opération, de peur de la troubler ou de l'arrêter, en échauffant l'air dans les boules, par la vicinité du corps, il est nécessaire de s'éloigner de l'instrument, et de le laisser en repos pendant que l'esprit de vin passe de la bouteille dans le réservoir, pour le remplir.

Il faut pourtant s'approcher de l'instrument de temps en temps pour observer les progrès de l'opération, afin d'être prêt à sceller, par le moyen d'une bougie et un chalumeau, l'extrémité capillaire du réservoir, au moment qu'il y est entré une quantité suffisante du liquide.

Quand on s'approche de l'instrument avec la bougie pour sceller l'extrémité du réservoir, il est nécessaire d'employer beaucoup de précautions pour ne pas échauffer l'air dans la boule voisine, ce qui dérangerait tout, et forcerait de recommencer l'opération.

Le réservoir étant rempli, et son extrémité scellée hermétiquement, l'instrument est mis en ordre et préparé pour servir aux expériences, de la maniere suivante.

Ayant échauffé un peu la boule qui est le plus éloignée du réservoir, en présentant la main ouverte pendant quelques moments, à la distance de deux ou trois pouces, on renverse l'instrument soudainement, tenant le réservoir en haut, et par ce moyen, l'on fait passer une petite quantité d'esprit de vin, du réservoir, dans la partie horizontale du tube; et, retablissant aussitôt l'instrument dans sa position naturelle, on s'éloigne de lui, et on attend que cette petite quantité d'esprit de vin coloré, qui a passé dans la partie horizontale du tube, soit devenue stationaire; ce qui arrivera aussitôt que l'air renfermé dans les deux boules, aura acquis la même température.

La petite bulle du liquide coloré, qui sert d'index à l'instrument, et qui peut avoir à peu près trois quarts de pouce de long, doit se trouver stationaire *dans les environs du milieu de la partie horizontale du tube*: si elle se trouve près ou de l'une ou de l'autre des coudes, il faut la faire rentrer dans le réservoir, et recommencer l'opération de nouveau.

Quand cette opération délicate est achevée, on place, derriere la partie horizontale du tube, une

regle

regle divisée en parties égales, par le moyen duquel on observe la station de la bulle d'esprit de vin, et ses mouvements ; et c'est pour lors que l'instrument est complet, et en état d'être employé. On s'en sert de la maniere suivante.

Plaçant l'instrument sur une table, au milieu d'une grande chambre, où l'air est tranquille, et sa température constante, et interposant entre les deux boules de l'instrument un écran léger, de papier doré, on laisse l'instrument en repos, en s'éloignant, jusqu'à ce que l'air enfermé dans les deux boules a acquis la même température, c'est à dire, celle qui regne dans la chambre : cette égalité de température est annoncée par le repos de la bulle de liquide coloré qui constitue l'index de l'instrument ; et quand cette bulle est devenue stationnaire, on prend une note de la situation qu'elle occupe dans le tube, que l'on observe par le moyen de la regle qui sert d'échelle ; et ensuite on présente un corps chaud (ou un corps froid), à une des boules de l'instrument, ayant soin que l'autre boule soit complétement masquée par le moyen de l'écran, et défendue des influences calorifiques (ou frigorifiques) de ce corps.

Si le corps ainsi présenté à l'instrument se trouve à une température plus élevée que celle de la boule, cette boule et l'air qu'elle renferme, seront échauffés par ses rayonnements calorifiques, et l'élasticité de cet air étant augmentée par cette augmentation de chaleur, la bulle d'esprit de vin sera forcée de quitter sa place et de prendre une nouvelle station, plus près de l'autre boule.

Quand le corps présenté à une des boules de l'instrument se trouve *plus froid* que cette boule, l'air dans la boule sera *refroidi* par les influences frigorifiques du corps, et l'élasticité de cet air étant diminuée, la bulle d'esprit de vin s'approchera de cette boule.

La vîtesse du mouvement de la bulle est proportionnée à l'intensité de l'action du corps, présenté à l'instrument.

Pour comparer les intensités des actions (soit calorifiques ou frigorifiques) de deux corps différents, on les présente en même temps aux deux boules de l'instrument, et on regle leurs distances de leurs boules respectives, de maniere que la bulle d'esprit de vin reste immobile à sa place. Quand cela arrive, il est bien clair que l'action des deux corps sur les boules, auxquelles ils sont présentés, est précisément égale des deux côtés; et pour lors on peut calculer l'intensité du rayonnement de chaque corps par la quantité de sa surface, présentée à la boule devant laquelle il est placé, et par le quarré de sa distance à cette boule.

Quand il s'agit de comparer l'intensité de l'action calorifique d'un corps chaud, avec l'intensité de l'action frigorifique d'un corps froid, on commence par masquer complétement, ou de tous les côtés, une des boules de l'instrument, et ensuite on présente à l'autre boule les deux corps en question, dans le même moment, et aux côtés opposés de la boule; et on regle leur distance de maniere que leurs actions, simultanées sur cette boule, soient précisément égales, ou que l'un l'échauffe autant que l'autre la refroidit.

Cette égalité d'action est annoncée par le repos de la bulle d'esprit de vin; et quand elle est établie, on calcule les intensités comparatives des rayonnements des deux corps par leurs surfaces opposées à la boule, et les quarrés de leurs distances à la boule.

La sensibilité de cet instrument est si grande, que lorsqu'il se trouve à la température de 10° ou 12° du thermometre de Réaumur, la chaleur rayonnante de la main, quand elle est présentée ouverte à une de ces boules, à la distance de trois pieds, suffit pour mettre la bulle d'esprit de vin en mouvement, et la faire avancer plusieurs lignes vers l'autre boule.

On peut monter cet instrument de plusieurs manières, plus ou moins dispendieuses, ou plus ou moins commodes. La maniere la plus simple de le monter, est celle qui est représentée par la figure suivante.

Fig. 4.

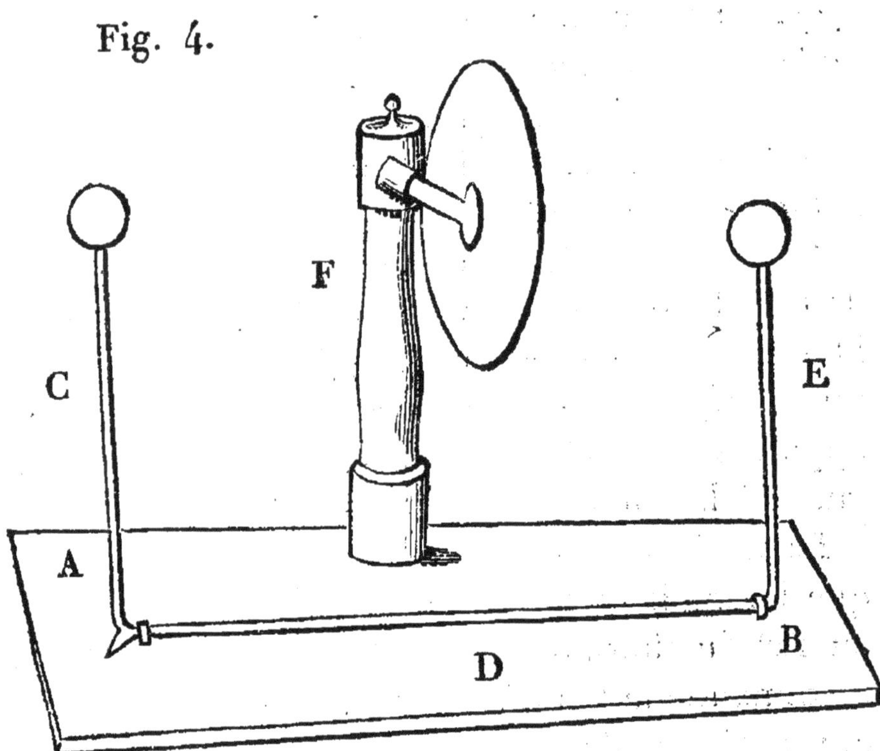

AB est une planche, longue de 24 pouces, large de 8 pouces, et épaisse d'un pouce. Elle sert de support au tube recourbé CDE, qui porte les deux boules.

Le réservoir qui sert à soutenir les deux extrémités du tube dans une position verticale, entre dans un petit trou fait dans la planche pour le recevoir, et il est fermement fixé à la planche, aussi bien que la partie horizontale du tube, par des morceaux de fil de soie, qui, passant la planche dans des petits trous, sont noués en dessous.

Les mouvements de la bulle d'esprit de vin sont observés par le moyen d'une regle mobile, de dix pouces de long, divisée en parties égales, qui est posée sur la planche, immédiatement derriere la partie horizontale du tube : cette regle n'est pas représentée dans la figure.

Le support F, qui, au moyen d'un bras horizontal, soutient l'écran circulaire vertical, représenté dans la figure, est fixé solidement dans la planche AB. Cet écran est de carton, et sur ses deux faces on a collé du papier doré : il sert à empêcher que l'une des boules de l'instrument ne soit affectée par les rayons qui procedent d'un corps présenté à la boule opposée. On emploie occasionnellement dans les expériences beaucoup d'autres écrans, car l'instrument est d'une sensibilité telle, que la présence de la personne qui l'approche pour sen servir le dérange d'abord, et met la bulle d'esprit de-vin en mouvement, si l'on ne prend pas des mesures efficaces pour l'empêcher, en masquant les deux boules par le moyen des écrans. Ces écrans sont commodément et promptement fabriqués, avec des cadres de bois léger, d'environ deux pieds en quarré, sur les deux faces desquels on colle du papier fort, qu'on recouvre ensuite de papier doré.

Pour maintenir ces écrans dans une position verticale, et les rendre en même temps mobiles à volonté, j'emploie un support, de 12 ½ pouces de haut, à l'extrémité supérieure duquel est une vis, qui entre latéralement dans la croisée de bois qui forme le milieu de l'écran ; la base de ce support entre à vis dans un plateau de bois, de huit pouc. en quarré, et épais d'un pouce, qui soutient le tout.

Pour pouvoir observer le mouvement de la bulle d'esprit de vin à travers l'écran, on pratique une petite fenêtre de verre dans l'écran, à une hauteur convenable.

Pour que l'observateur, quoique seul, puisse éloigner ou rapprocher, à volonté, des boules les corps chauds ou froids dont il étudie l'action, sans cesser de tenir les yeux fixés sur l'index de l'instrument, et en se procurant cependant la connaissance certaine de leur distance respective des boules, j'emploie le procédé suivant, qui est également simple et exact.

C'est une espece de boîte, ou canal, en bois de sapin, ouvert aux deux extrémités, qui, mesuré en dehors, a six pieds de long, douze pouces de large et cinq pouces de haut; ses côtés verticaux sont en planches d'un pouce et demi d'épaisseur, et le fond et le dessus n'ont qu'un pouce d'épais; le canal n'est fermé en dessus que dans son milieu, sur une longueur de dix-huit pouces: c'est la partie sur laquelle se pose le thermoscope. De part et d'autre, le canal est rempli d'une piece formant coulisse, qui a vingt-sept pouces de long, et est maintenue par deux rainures latérales assez profondes. Chacune des deux coulisses porte en dessous un rateau que conduit un pignon logé dans l'épaisseur de la boîte, et dont l'axe, sortant en avant, porte une manivelle, au moyen de laquelle l'observateur peut, en tenant les deux manivelles dans ses deux mains, faire avancer ou reculer aussi lentement qu'il le veut l'un ou l'autre des deux corps mis en expérience. Chacune des deux coulisses est munie en dessus d'une division de Nonius, qui, répondant à une échelle en pouces, tracée sur le bord contigu de la boîte, indique à chaque instant, et avec précision, quelle est la distance absolue du corps à la boule à laquelle il est présenté. La surface supérieure des deux coulisses est d'environ $\frac{1}{8}$ de pouce au-dessous de celle du couvercle fixe de la boîte, pour que, si le pied du thermoscope venait à dépasser d'un côté ou de l'autre le bord de ce couvercle, les coulisses pussent pourtant se mouvoir librement au-dessous, sans le déranger.

On comprend par ce qui précede, que le thermoscope étant placé sur le couvercle de la boîte, avec ses deux boules dirigées parallèlement à l'axe de cette boîte, les deux corps chauds, placés de part et d'autre dans le prolongement de la ligne horizontale qui passe par le centre des deux boules, et sur des supports conduits par les coulisses, menées elles-mêmes par les manivelles que tient l'observateur; cet observateur, les yeux constamment fixés sur l'index, peut aisément trouver la position dans laquelle cet index demeure immobile, et où, par conséquent, il y a égalité d'action de la part de deux corps mis en même temps en expérience.

Pour être toujours en état de s'assurer de la température précise de ces corps, et pour que leurs surfaces fussent d'ailleurs parfaitement égales, je fis faire deux vases cylindriques égaux, en laiton mince, portant, chacun d'un côté, un goulot cylindrique oblique, ainsi que le représente la figure suivante.

Fig. 5.

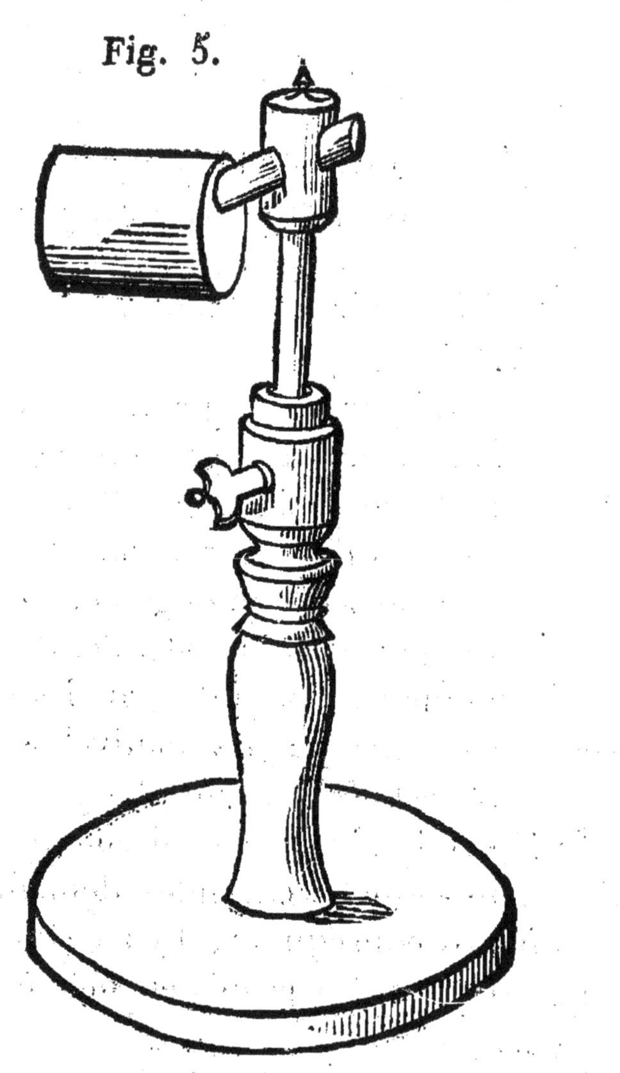

Le cylindre est placé horizontalement, afin que son fond circulaire puisse être présenté dans une situation verticale à l'une des boules du thermoscope. La queue cylindrique de son support entre dans un pied de bois, et y est maintenue par une vis de pression, à la hauteur convenable pour que l'axe du cylindre soit dans le prolongement de la ligne horizontale qui joint le centre des deux boules.

Ce vase cylindrique a trois pouces de diametre, et quatre pouces de long; son goulot oblique est long de 3.8 pouces, et a 0.86 de pouces de diametre. Cette direction (oblique) du goulot lui a été donnée pour que l'eau, dont le vase est occasionnellement rempli, n'en sorte pas quand le vase est couché dans une position horizontale, ainsi qu'on le voit dans la figure.

Un thermometre, dont le réservoir, de forme cylindrique, est long de quatre pouces, est introduit dans le corps du vase, et son échelle, toute en dehors du goulot, indique la température du liquide contenu par le vase.

Il faut avoir soin, lorsqu'on fabrique un thermoscope, de choisir un tube d'un diametre convenable; s'il est trop étroit, on trouvera qu'il est très difficile de maintenir l'esprit de vin en une masse continue (1); s'il est trop gros, la petite colonne

(1) Aussitôt qu'il se forme dans le tube plusieurs petites masses du liquide, détachées les unes des autres, ce qui arrive assez souvent, l'instrument perd sa sensibilité presque entierement; et il devient indispensablement nécessaire de les détruire en les réunissant de nouveau en une seule masse. Cette opération se fait en chassant brusquement çà et là ces petites bulles par le moyen de la chaleur de la main, appliquée alternativement aux deux boules. Les petites quantités du liquide qui forment les plus petites bulles, resteront attachées aux parois du tube, et ces petites bulles disparaîtront : et en promenant

de liquide qui sert d'index sera mal terminée à ses extrémités. La meilleure dimension est celle qui contient de 15 à 18 grains de poids de mercure par pouce de longueur. Pour cette grosseur de tube, les boules peuvent avoir environ 1 ½ pouce de diametre.

J'ai un instrument dans lequel le tube horizontal est entierement rempli d'esprit de vin, sauf un petit espace vers le milieu du tube où il y a une petite bulle d'air, qui sert d'index; mais il fait moins bien ses fonctions que ceux qui ne contiennent qu'une très petite quantité de liquide.

Sans entrer dans ce moment ci dans de plus grands détails sur la construction de ces instruments, je vais rendre compte des expériences auxquelles ils étaient destinés.

Celles dont j'ai déja parlé m'avaient donné plus d'une raison de présumer que toute la chaleur que perd un corps qui se réfroidit dans l'air, n'est pas enlevée par les particules de ce fluide qui sont successivement en contact avec lui, mais qu'une grande portion de cette chaleur s'échappe en rayons qui n'échauffent pas l'air transparent qu'ils traversent, mais qui, ainsi que le fait la lumiere, ne produisent de la chaleur que lorsqu'ils sont arrêtés

lentement la grande bulle d'un bout du tube à l'autre, tout le liquide sera encore réuni en une seule masse.

La cause de la formation de ces petites bulles est évidemment la distillation du liquide qui a lieu dans l'intérieur de l'instrument; et il n'y a pas moyen de l'empêcher.

et absorbés ; je soupçonnai que, dans tous les cas où j'avais remarqué que le refroidissement de mes appareils était accéléré par la présence des enveloppes appliquées à leurs surfaces métalliques, ces enveloppes devaient avoir facilité et accéléré, d'une maniere quelconque, l'émission des rayons calorifiques de cette même surface (1).

Cette conjecture suppose, il est vrai, que diverses substances, chauffées à la même température, émettent des quantites inégales de rayons calorifiques ; mais je ne voyais point de raison de croire le contraire, et je me hâtai de dissiper tous mes doutes, par les expériences suivantes.

Douzieme expérience. Deux vases cylindriques de laiton, à goulot oblique, bien polis en dehors, ayant chacun trois pouces de diametre, et quatre de long, en un mot, tels qu'on les a décrits tout à l'heure, placés dans une position horizontale, sur leurs pieds respectifs, furent remplis d'eau à la température de 180° F, et leurs fonds circulaires et plans furent présentés aux deux boules du thermoscope, à la distance de deux pouces.

Lorsque ces corps chauds étaient présentés au même instant, ou, ce qui était mieux, lorsqu'après avoir mis préalablement deux écrans devant les deux boules, à la distance d'un pouce environ, on

(1) On remarquera sans doute que je me sers ici d'expressions qui ne s'accordent gueres avec les opinions que j'ai adoptées sur la nature de la chaleur : je reviendrai à un langage plus précis, quand il sera temps de l'employer.

les enlevait au même moment, la bulle d'esprit de vin demeurait immobile au milieu de la partie horizontale du tube du thermoscope : à l'instant où on approchait tant soit peu l'un des corps chauds de la boule à laquelle il fut présenté, l'autre corps restant à sa place, la bulle se mettait en mouvement, et marchait vers l'autre boule.

Si, au contraire, on éloignait un peu l'un des corps chauds, tandis que l'autre conservait sa distance, la bulle fuyait ce dernier.

Lorsqu'on ne présentait qu'un seul corps chaud à une des boules, la bulle d'esprit de vin se mettait aussitôt en mouvement, et on pouvait, si l'on voulait, le chasser entierement du tube jusques dans la boule opposée ; mais c'est ce qu'on ne devra jamais faire, à cause du dérangement de l'instrument, que cela ne manquerait pas d'occasionner.

Après avoir étudié, par ces essais préalables, quel était le degré de sensibilité et de précision de mon instrument, je procédai à l'expérience décisive suivante.

Treizieme expérience. Après avoir noirci, sur la flamme d'une bougie, le fond plat, circulaire, de l'un des vases cylindriques, je les remplis l'un et l'autre d'eau chaude, à 180° F, et je les présentai comme auparavant, aux deux boules de l'instrument, à distance égale, de deux pouces.

L'index fut incontinent chassé par l'action supérieure de la surface noircie, et il ne reprit sa place que lorsqu'on eut éloigné le vase noirci jusques à la distance de huit pouces de sa boule ; l'autre vase restant à deux pouces de la sienne.

Cette expérience me parut jeter une grande lumiere sur le sujet qui avait si long-tepms fixé mon attention, et elle m'ouvrit un vaste champ de recherches nouvelles et très-intéressantes.

Je pouvais déja expliquer d'une maniere un peu plus satisfaisante ces apparences dont il m'avait été si difficile de rendre raison dans les expériences précédentes ; et en particulier, cette accélération que produisait dans le refroidissement des surfaces les diverses enveloppes, ou enduits, dont je les avais revêtues ; et je commençai une suite d'expériences variées, desquelles j'espérais obtenir quelque lumiere de plus, sur ces opérations mécaniques, invisibles, qui ont lieu dans le réchauffement et le refroidissement des corps.

Il fallait d'abord examiner si ces mêmes substances, de nature très-variée, qui, appliquées en façon d'enveloppes, avaient si éminemment contribué à faciliter le refroidissement des surfaces métalliques, accéléreraient aussi l'émission des rayons calorifiques hors des surfaces, de même nature, que je présenterais aux boules de mon thermoscope. Je trouvai que cet effet avait lieu.

Et comme les résultats de toutes ces expériences prouverent, de la maniere la plus décisive, que toutes les substances qui, appliquées aux surfaces métalliques, dans mes expériences précédentes, avaient accéléré le refroidissement de mes vases, facilitaient et accéleraient aussi l'émission des rayons calorifiques, je ne puis plus révoquer en doute l'influence du rayonnement dans l'échauffement et le refroidissement des corps; mais il restait plusieurs points importants à établir avant de pouvoir se former des idées distinctes et satisfaisantes sur la nature de ces rayons, et le mode de leur action.

Je n'avais jusqu'alors employé dans mes expériences qu'un seul métal (le laiton), et on sait que c'est un métal composé : il fallait d'abord voir si des expériences semblables, faites avec d'autres métaux, donneraient de semblables résultats.

Quatorzième expérience. Je me procurai, chez un batteur d'or, des feuilles d'or, et d'argent, environ trois fois plus épaisses que celles qu'employent ordinairement les doreurs : je couvris les surfaces des deux grands vases cylindriques n° 1 et n° 2, d'une couche de vernis à l'huile, et lorsqu'elle fut assez seche, je dorai l'instrument n° 1 avec de l'or, et je couvris d'argent le n° 2. Lorsque tout fut bien sec et durci, j'essuyai les surfaces avec du coton, pour enlever les bavures de l'or et de l'argent, et je répétai les expériences si souvent décrites plus haut; en remplissant les vases d'eau bouillante, en les laissant refroidir dans l'air tranquille d'une grande chambre.

La durée du refroidissement de 10 degrés fut précisément la même qu'on avait observée, lorsque la surface des vases de laiton avait été exposée à l'air sans enveloppe; l'expérience, répétée plusieurs fois, ne me laissa apercevoir aucune différence.

Quinzieme expérience. Ce n'était pas assez de m'être assuré de l'identité des résultats, avec trois métaux seulement, le laiton, l'or et l'argent; le fait était assez important pour que je dusse chercher à l'établir d'une maniere bien complette : je me procurai donc deux vases nouveaux, des mêmes dimensions que les précédents, l'un de plomb, l'autre de fer étamé (fer-blanc); comme la *faculté conductrice* du plomb, relativement à la chaleur, est beaucoup plus grande que celle d'aucuns des autres métaux employés (1), je conclus que si le rayonnement d'un corps avait quelque rapport avec sa faculté conductrice, le refroidissement de l'eau contenue dans le vase de plomb, seroit plus prompt, ou moins prompt que dans aucuns des autres vases.

Cette expérience, et plusieurs autres du même genre, m'apprirent que la chaleur abandonne *avec une facilité ou célérité égales* les surfaces de tous les métaux.

Ce fait ne serait-il point la conséquence de ce que tous les métaux sont tous *également opaques?* et ne conduit-il point à une forte présomption que la chaleur est, dans tous les cas, excitée et communiquée par des rayonnements, ou des *ondulations*, comme je préférerai les appeler ?

(1) Nous avons trouvé, en employant l'appareil simple et ingénieux de Francklin, savoir, la fusion d'un enduit de suif ou de cire, sur des baguettes de métaux divers, plongées dans un bain de plomb fondu, que la faculté conductrice de l'argent était notablement plus grande que celle du plomb. (*Note du traducteur*).

Je sens bien qu'avant de pouvoir déterminer cette question, il faut en résoudre une autre très-importante, qui est de savoir si les corps se refroidissent à raison des rayons *qui émanent d'eux*, ou de ceux *qu'ils reçoivent?*

La célebre expérience du professeur Pictet, si souvent répétée, me semble avoir mis hors de doute qu'il existe des rayons, ou des émanations provenant des corps froids, qui, comme la lumiere, peuvent être concentrés par les miroirs concaves, et que ces rayons ainsi concentrés, peuvent agir d'une maniere très-marquée, sur un thermometre à air.

Un des objets que j'avais sur-tout en vûe, en imaginant mon thermoscope, était de rechercher la nature et les propriétés de ces émanations, et de découvrir si elles ne seraient point de la même nature que ces rayons calorifiques, connus depuis si long-temps, que les corps chauds envoyent de leurs surfaces.

Je cherchai d'abord à établir l'existence de ces émanations, et à découvrir quels effets visibles ou sensibles on pourrait leur faire produire, indépendamment de la concentration, à l'aide des miroirs concaves.

Seizieme expérience. On plaça, sur leurs pieds respectifs, mes deux vases cylindriques, à goulot oblique, bien nettoyés; on les mit à la hauteur et dans le voisinage du thermoscope, dans un grand sallon tranquille, pendant assez de temps pour que

que l'appareil pût acquérir la même température dans toutes ses parties.

On avait exclu toute lumiere venant du dehors, et environné le thermoscope des écrans dont on a parlé, de maniere à mettre ses boules à l'abri de toute influence calorifique provenant de l'observateur.

Alors j'entrai dans la chambre assez lentement pour donner à l'air le moins de mouvement possible; et m'approchant du thermoscope, je présentai à ses boules d'abord l'un, ensuite l'autre des deux vases cylindriques : l'index demeura parfaitement stationnaire.

Dix-septieme expérience. Assuré par cette expérience préliminaire, que l'instrument n'était pas affecté sensiblement par la présence d'une surface métallique brillante, pourvu que la température de cette surface et celle des boules du thermoscope fût la même, je retirai l'un des vases cylindriques, et le portai dans une autre chambre, où on le remplit d'un mélange de glace pilée et d'eau.

Je rentrai, et présentai le fond cylindrique du vase à une des boules du thermoscope, à la distance de quatre pouces.

A l'instant, l'index commença à se mouvoir lentement et uniformément du côté du corps froid; et après avoir parcouru environ un pouce, il demeura stationnaire.

Je rapprochai vers la boule le corps froid; l'index se remit en mouvement, et s'approcha encore plus du corps froid.

Dix-huitieme expérience. Quoique le résultat de l'expérience précédente me parût mettre hors de doute le rayonnement des corps froids, et que les rayons qui en émanent ont la faculté *de produire du froid* dans les corps plus chauds exposés à leur influence, cependant, dans une recherche aussi curieuse, et aussi importante à la théorie de la chaleur, j'étais loin de pouvoir me contenter du résultat d'une seule expérience.

Il fallait d'abord présenter des corps froids d'especes différentes, et s'assurer aussi que les courants d'air réfroidi que pouvait occasionner la présence du corps froid, n'entraient pour rien dans l'effet thermoscopique observé; je répétai donc l'expérience, en variant les circonstances de la maniere suivante.

On coucha le thermoscope dans une position telle que les deux bras du tube recourbé qui portaient les deux boules, au lieu d'être verticales, fussent dans une position horizontale, et le corps froid, au lieu d'être présenté *latéralement* à la boule du thermoscope, comme dans l'expérience précédente, fût placé *précisément au-dessous* d'elle, à la distance de six pouces.

Ce corps froid n'était point un métal, mais un disque solide de glace, épais d'environ trois pouces, et de huit pouces de diametre, logé dans un bassin de terre cuite, d'environ un pied de diametre en haut, neuf pouces en bas, et profond de quatre pouces : le disque de glace occupant le fond du bassin, on avait recouvert ce bassin d'un papier épais, au milieu duquel était un trou circulaire de six pouces de diametre.

On mit le bassin, ainsi préparé, précisément au-dessous de l'une des boules du thermoscope, à une distance telle, que le centre de la surface supérieure du disque de glace fût précisément à six pouces au-dessous de la boule.

Il arriva ce qu'on pouvait prévoir. A peine la glace fut-elle placée, que l'index commença à se mouvoir vers la boule qui était dans son voisinage : il s'arrêta après avoir fait un pouce de chemin, à-peu-près.

Dix-neuvieme expérience. Pour découvrir s'il émanerait de la surface d'un *liquide* froid des rayons frigorifiques, je substituai au disque de glace une masse égale d'eau à la température de la glace fondante : le résultat fut sensiblement le même que dans l'expérience précédente, et l'index s'arrêta au même point. Je trouvai, après y avoir réfléchi, que cette expérience était encore plus concluante que l'autre, ou plutôt identique avec elle ; car, la température de l'air ambiant étant élevée de plusieurs degrés au-dessus du terme de la congélation, pendant l'expérience faite avec la glace, il est évident que le disque de glace avait dû être recouvert d'une couche mince et invisible d'eau, pendant la durée de cette expérience.

Porté comme je l'étais à conclure, par les résultats de ces expériences, que les corps froids émettent toujours des rayons frigorifiques, analogues aux rayons calorifiques que lancent les corps chauds, j'étais impatient d'examiner si tous les corps froids, à même température, émettent des quantités égales de rayons, ou si, ainsi que je l'avais observé relativement aux corps chauds, il y avait des différences dans cette faculté d'émission entre les divers corps : l'expérience suivante devait établir ce point important.

Vingtieme expérience. J'avais vu qu'une surface métallique noircie à la fumée, et chauffée ensuite à une température donnée, lançait beaucoup plus de rayons calorifiques que lorsque sa surface métallique était à nu, j'étais fort curieux d'essayer si la même préparation appliquée à la surface d'un métal froid, augmenterait ou non l'émission de rayons frigorifiques.

Je noircis donc le fond de l'un de mes deux vases cylindriques à col oblique, et je remplis ce vase d'un mélange de sel commun et de glace ; je remplis du même mélange l'autre vase semblable, sans le noircir, et je les présentai simultanément, et à la même distance, aux deux boules du thermoscope.

A l'instant, l'index se mit en mouvement, et s'avança lentement vers la boule correspondante au vase noirci, ce qui indiqua que cette boule était plus réfroidie par les rayons frigorifiques provenant de cette surface, que l'autre ne l'était par les rayons provenant de la surface métallique, nette et polie de l'autre vase, qui se trouva à la même température.

Cette expérience fut répétée plusieurs fois, à raison de son importance, et toujours avec les mêmes résultats. L'index de l'instrument indiqua toujours que les rayons frigorifiques provenant de la surface noircie étaient plus énergiques pour produire du froid, que ceux que lançait le métal nu.

L'index, il est vrai, ne faisait pas d'aussi grandes excursions que celles qu'avait provoquées la présence des corps chauds; mais on ne devait pas s'y attendre; car quoique j'eusse cherché par le mélange frigorifique à produire un degré de froid aussi grand que je le pourrais, cependant la différence entre la température des boules, et celle des corps qui leur étaient présentés, était beaucoup plus grande quand on employait les corps chauds, qu'avec les corps froids, et il est évident que les boules ne devaient être affectées qu'en raison de cette différence.

Dans les expériences faites avec les vases pleins d'eau à 180° F, l'air de la chambre, et par conséquent la température des boules du thermoscope étant aux environ de 60°, la différence fut de 120° F.

Dans les expériences avec les vases froids, la différence initiale des températures ne dépassait pas 40 ou au plus 50 degrés; et après un petit nombre de secondes, elle doit avoir été réduite à moins de 30°, à cause de la congélation de l'eau précipitée de l'atmosphere sur la surface des vases qui contenaient le mélange frigorifique.

Cette précipitation était si abondante, que la surface polie du métal en était très-promptement ternie, et bientôt après, couverte d'une couche de givre assez épaisse. Ces accidents, qu'on ne pouvait prévenir, affectaient d'une maniere très-visible les résultats de l'expérience.

L'index, au lieu de demeurer stationnaire, après avoir atteint son maximum d'élongation, ainsi que cela arrivait dans les expériences avec les corps chauds, n'avait pas plutôt atteint ce terme, qu'il commençait à retourner vers son point de départ, et chaque fois que j'essuiais la couche de givre de la surface circulaire du fond du vase non noircie, l'index recommençait à se mouvoir vers l'autre vase, ce qui, pour le dire en passant, montre que la glace émet une plus grande quantité de rayons frigorifiques, qu'une surface métallique brillante, à la même température.

J'avais fréquemment observé, en présentant ma main à l'une des boules du thermoscope, que l'instrument était plus fortement affecté par les rayons calorifiques qui en provenaient, qu'il ne l'aurait été par un autre corps beaucoup plus chaud, égal en surface, et placé à la même distance. J'étais très-curieux de voir si les *substances animales* ne lanceraient point des rayons calorifiques (et conséquemment des frigorifiques) en beaucoup plus grande abondance que les autres substances, et si l'animal *vivant* n'aurait point à cet égard l'avantage sur l'animal mort, à températures égales.

Ma premiere expérience sur cet objet, fut aussi simple que son résultat devint frappant et concluant.

Vingt-unieme expérience. Je me procurai un morceau de peau de batteurs d'or (on sait que c'est une des membranes extrêmement mince qui revêtent l'intérieur des gros intestins dans les bêtes à cornes), je l'humectai avec de l'eau, et après l'avoir appliquée contre le fond circulaire de l'un de mes vases cylindriques horizontaux, je vis qu'elle y demeura fortement appliquée lorsqu'elle fut seche; alors, je remplis ce vase, et le vase semblable non revêtu, d'eau chaude à 180°, et je les présentai ensemble, au même instant et à même distance, aux deux boules du thermoscope.

L'index fut incontinent chassé à une grande distance, par l'action supérieure du vase couvert de peau, et il ne reprit sa premiere position que lorsqu'on eut reculé ce vase à une distance *cinq fois* plus grande que celle de l'autre vase.

Je conclus du résultat de cette expérience intéressante, qu'une substance animale lance *vingt-cinq fois plus de rayons calorifiques* qu'une surface métallique polie, des mêmes dimensions, et de même température (1).

Vingt-deuxieme expérience. Après avoir vidé les deux vases employés dans l'expérience précédente,

(1) Dans cette expérience, aussi bien que dans toutes les autres, faites avec le thermoscope dont j'ai rendu compte dans ce mémoire, les boules du thermoscope étaient *noires*;

et les avoir remplis de glace pilée et d'eau, je les présentai de nouveau au thermoscope, à distances égales de leurs boules respectives.

Le résultat de cette expérience confirma la conclusion à laquelle j'avais été conduit par celui de la douzieme expérience. Le mouvement de l'index du côté du vase garni de peau montra que les rayons qui provenaient de cette substance animale étaient beaucoup plus efficaces pour produire du froid, que ceux qui venaient de la surface nue du métal.

Le rayonnement des corps froids me paraissant démontré par les expériences précédentes, je cher-

ayant été noircies avec de l'encre de la chine, dans la vue de rendre l'instrument plus sensible. D'autres expériences, faites depuis, m'ont appris que j'avais tort de les noircir, et que l'instrument est au maximum de sa sensibilité, lorsque ses boules (de verre) sont tenues bien nettes et propres, sans être noircies ni couvertes d'aucun enduit.

J'ai trouvé aussi (ce que j'aurais dû prevoir) que la différence entre les intensités des rayonnements de deux corps, déterminées par le moyen du thermoscope, paraît plus grande en raison que le thermoscope est moins sensible. Avec un thermoscope *très-sensible*, j'ai trouvé, qu'à la même température, l'intensité du rayonnement d'une surface métallique, noircie sur la flamme d'une bougie, était à l'intensité de son rayonnement, quand cette même surface était nette et polie, comme 4 à 1. Mais avec un thermoscope moins sensible, qui avait ses boules peintes en noir avec l'encre de la chine, ces intensités ont paru être comme 16 à 1. J'ai des raisons de croire qu'elles sont réellement à peu près comme 2 à 1, c'est-à-dire, comme les temps des refroidissements, déterminés par les expériences précédentes.

chai à découvrir si l'*intensité* de l'action des rayons *frigorifiques* venant des corps froids, c'est-à-dire leur faculté d'affecter les températures des autres corps plus chauds (*à différences égales dans les températures*), était ou n'était pas égale à l'intensité de l'action des rayons *calorifiques* venant des corps chauds. Pour résoudre la question je fis l'expérience suivante, très-simple et très-décisive.

Vingt-troisieme expérience. Après avoir placé le thermoscope sur une table, au milieu d'un grand sallon tranquille, à la température de 72° F, je présentai à l'une de ses boules, à la distance de trois pouces, le fond circulaire de l'un (A) des deux vases cylindriques à col oblique, rempli de glace mêlée d'eau; en même temps, un aide présenta au côté opposé de la même boule du thermoscope, et à même distance (trois pouces), le fond de l'autre vase semblable (B), plein d'eau chaude à la température de 102° F. La boule opposée du thermoscope était défendue, par des écrans convenablement placés, tant de l'action des corps présentés à l'autre boule, que de toute influence de la part des personnes présentes.

On voit par cette description, que, tandis que l'une des boules était mise à l'abri des rayonnements des corps environnants, l'autre boule était exposée à l'action simultanée de deux corps égaux, à distance égale, et semblables à tous égards, sauf que l'un était à 32° F. *plus froid* de 40 degrés que la boule, tandis que l'autre, à 102°, était *plus chaud* de 40 degrés que cette boule.

Je prévoyais, d'après le résultat des expériences précédentes, que cette boule serait, en même-temps, chauffée par les rayons calorifiques venant du corps chaud, et refroidie par les rayons frigorifiques venant du corps froid. J'en concluais que si sa température demeurait fixe sous l'influence de ces deux actions opposées, ce fait serait une preuve décisive d'égalité dans l'intensité de ces deux actions.

L'index, qui aurait indiqué par son mouvement, d'un côté ou de l'autre, la plus légere différence dans les intensités des influences contraires qui agissaient sur la boule, demeura en repos.

En écartant d'un quart de pouce seulement de plus le corps froid (le corps chaud demeurant à sa distance primitive de trois pouces), l'index se portait de suite vers la boule opposée du thermoscope, ce qui indiquait une rupture d'équilibre par l'action supérieure du corps chaud, demeuré en place : quand c'était le corps chaud que l'on reculait, l'index montrait une rupture d'équilibre dans le sens opposé.

On pouvait estimer la promptitude avec laquelle la boule du thermoscope acquérait la chaleur ou le froid, par la vîtesse plus ou moins grande du mouvement de l'index, dans un sens ou dans l'autre; mais l'examen le plus attentif ne me fit apercevoir aucune différence dans la célérité de ce mouvement, pourvu que les distances des vases fussent respectivement les mêmes.

D'après ces expériences, que j'ai répétées dernierement à Geneve, en présence du professeur Pictet, de MM. Theodore Desaussure, Senebier et de plusieurs autres personnes, nous pouvons nous hasarder à conclure que, à différences égales de température, les rayons qui produisent le froid sont aussi réels, et précisément aussi actifs que ceux qui produisent la chaleur.

A la premiere vue, il pourrait paraître extraordinaire qu'un fait aussi important que l'est le rayonnement frigorifique des corps froids, fût demeuré inconnu pendant tant de siecles, tandis que le rayonnement calorifique des corps chauds a été si bien connu; mais, avec un peu de réflexion, notre surprise cessera : ces rayonnements, par lesquelles les températures des corps environnants sont graduellement modifiées et égalisées, ne sont pas perceptibles à nos sens, à moins que les différences des températures ne soient très-considérables; et la constitution des choses est telle, que, tandis que nous sommes fréquemment exposés à l'influence calorifique de corps échauffés de plusieurs milliers de degrés (mesurés au thermometre) au-dessus de la température moyenne de la peau, il arrive rarement que nous ayions l'occasion d'éprouver les effets du rayonnement de corps beaucoup plus froids que notre propre température; et nous n'avons aucun moyen de produire des degrés de froid comparables en aucune maniere à la chaleur intense qu'on peut produire par le moyen du feu.

D'après le résultat de l'expérience dont je viens de donner les détails, il est évident que nous ne serions pas plus affectés par les rayons frigorifiques d'un boulet de canon (ou tout autre corps solide), à la température de la glace fondante, que par les rayons calorifiques provenant d'un boulet semblable à la température de 58° du thermometre de Réaumur, ce qui n'est que 28° au-dessus de la température de la peau; et qu'un boulet à la température à laquelle le mercure se gele, ne pourrait gueres nous affecter plus, par ses rayons frigorifiques, qu'un boulet à la température de l'eau bouillante ne nous affecterait, à la même distance, par ses rayons calorifiques : mais dans ces intervalles de température, comparativement si petits, les rayonnements des corps sont à peine sensibles, et on n'aurait jamais pu les observer, et bien moins les estimer et les comparer, sans le secours d'instruments beaucoup plus délicats que ne le sont nos organes du tact.

Ces considérations expliquent pourquoi les rayonnements frigorifiques des corps froids sont demeurés si long-temps inconnus : ils ont été soupçonnés par Bacon; mais la premiere expérience qui ait prouvé leur existence fut faite à Florence, vers la fin du dix-septieme siecle.

Il est très-remarquable que les savants académiciens qui firent cette expérience, et qui la firent précisément dans la vue de déterminer le fait en question, furent si complettement aveuglés par leurs préjugés sur la nature de la chaleur, qu'ils n'en crurent pas même leurs yeux. Persuadés que la réflexion et concentration *du froid* (qu'ils considéraient comme une *qualité négative*) était une chose impossible, ils conclurent que le fait observé était le résultat de quelque erreur commise dans l'expérience.

Heureusement pour le progrès de la science, cette recherche fut de nouveau reprise il y a environ vingt ans par le professeur Pictet; et le fait intéressant que les académiciens de Florence n'*avaient pas voulu* découvrir, fut mis hors de doute. Mais encore, ce physicien ingénieux et éclairé ne considere point comme *réelles* les apparences d'une réflexion et concentration de froid que lui indiquaient les expériences, et elles ne le conduisirent point à admettre l'existence d'émanations frigorifiques, provenant des corps froids, analogues à ces émanations calorifiques venant des corps chauds, et qu'il appelle chaleur rayonnante. Par-tout il parle de la réflexion du froid (par les miroirs métalliques) comme d'un effet purement *apparent;* et c'est sur cette supposition qu'il fonde l'explication qu'il a donnée du phénomene.

En supposant que le *calorique* des chimistes modernes ait une existence réelle, et que l'élévation de la température d'un corps est causée par une accumulation de cette substance dans le corps, la réflexion du froid serait à la vérité impossible, et la supposition même en serait absurde; et quelque frappantes, quelque convaincantes que fussent les apparences, on ne pourrait admettre la réalité du fait. — Mais je retourne à mes expériences.

Ayant trouvé que l'intensité des rayons calorifiques lancés par un corps chaud, à une température donnée, dépend beaucoup de la nature de la surface de ce corps; qu'une surface métallique polie, par exemple, lance beaucoup moins de rayons que n'en fournirait la même surface, à la même température, noircie sur la flamme d'une bougie, je desirais savoir si les rayons frigorifiques qui émanent des corps froids sont affectés de la même maniere, par les mêmes moyens, et au même degré: ce fut dans ce but que je fis l'expérience n° 20, et quoique son résultat me donnât amplement lieu de conclure que les mêmes substances qui, étant chaudes, lancent le plus de rayons calorifiques, lancent aussi le plus de rayons frigorifiques, quand elles se trouvent froides; cependant, comme les quantités relatives de ces rayons ne peuvent pas être exactement déterminées par cette expérience, pour établir ce fait important, j'eus recours à l'appareil très-simple que je vais décrire.

Vingt-quatrieme expérience. J'avais trouvé par le résultat de l'expérience précédente (n° 23) que les émanations calorifiques d'un disque circulaire de laiton poli, de trois pouces de diametre, à la température de 102° F. était exactement contre-balancées par les émanations frigorifiques d'un disque égal, du même métal poli, à la tempéra-ture de 32° F. placé à l'opposite, ou que la boule du thermoscope était autant refroidie par l'un, qu'elle était réchauffée par l'autre ; j'essayai de noircir les deux disques sur la flamme d'une bou-gie, et je répétai l'expérience.

Je savais, d'après mes précédents résultats, que l'intensité des rayons calorifiques provenant du disque chaud, serait fort augmentée par cette nou-velle modification de la surface, et j'étais sûr que si l'intensité des rayons frigorifiques du disque froid n'était pas augmentée *précisément au même degré*, la boule du thermoscope, exposée aux ac-tions simultanées de ces deux disques, ne pourrait pas conserver sa température (72°) d'une maniere constante.

L'expérience fut très-décisive : l'index du ther-moscope demeura stationnaire ; ce qui prouvait que les intensités des rayons envoyés par les deux disques étaient encore égales.

Nous pouvons conclure de là, que les mêmes circonstances qui favorisent l'émission abondante de rayons calorifiques à la surface des corps chauds, facilitent également le rayonnement frigorifique des corps froids.

Mais il est temps de considérer ces émanations sous un point de vue nouveau. Quelle différence peut-il y avoir entre des rayons calorifiques et des rayons frigorifiques ? Les mêmes rayons ne sont-ils pas ou calorifiques ou frigorifiques, selon que le corps à la surface duquel ils arrivent est plus froid, ou plus chaud, que celle dont ils viennent ?

Supposons trois corps égaux, A, B et C (par exemple, les boules de trois thermometres à mercure), placés à distances égales (trois pouces), dans la même ligne horizontale ; soit A, à la température de la glace fondante ; B, à celle de 72° F ; et C, à 102° F : les rayons provenant du corps B, seront *calorifiques* pour A, et *frigorifiques* pour C ; et d'après les expériences qui précedent, il y a lieu de croire qu'ils seront précisément aussi efficaces pour chauffer le corps A, que pour refroidir le corps C.

Si un enduit quelconque, appliqué à la surface de la boule du thermometre B, augmente son rayonnement, il est raisonnable de conclure, que son action frigorifique sur le thermometre C, devrait être augmentée autant que son action calorifique sur le thermometre A.

Avant de parler des expériences faites dans le but de déterminer les quantités relatives de rayons qui sont lancés, à températures égales, des surfaces de diverses substances, comme par exemple de la peau d'animaux vivants, de la matiere animale morte, etc. (détails que je renvoie à un autre mémoire), je vais rendre compte des résultats de quelques expériences faites dans la vue de pousser

plus

plus loin mes recherches sur les rayonnements des corps chauds et froids.

Vingt-cinquieme expérience. Les expériences numéros 20 et 21 m'avaient appris que la substance animale employée dans ces deux essais (la peau de batteur d'or), lançait beaucoup de rayons : je couvris entierement de cette substance l'un de mes grands vases cylindriques de laiton, et après l'avoir rempli d'eau bouillante, je le laissai réfroidir dans l'air tranquille d'une grande chambre, de la maniere déja souvent décrite; un autre vase, à tous égards semblable, mais sans enveloppe, fut également rempli d'eau bouillante, et mis en même temps à refroidir, dans la même chambre.

La température de l'air de la chambre était $51 \frac{1}{2}$°. Les deux appareils parcoururent le même intervalle de refroidissement, savoir, de 10 degrés; de $101 \frac{1}{2}$° à $91 \frac{1}{2}$°, dans les temps suivants.

N° 4, couvert de peau de batteur d'or, en $27 \frac{3}{4}$ min.
N° 3, nu 45

Vingt-sixieme expérience. Je voulais savoir si l'enveloppe animale qui avait si éminemment accéléré le refroidissement de l'appareil n° 4, aurait la même influence pour accélérer son réchauffement; à cet effet, je laissai les appareils ensemble toute la nuit, dans la chambre froide, et en y entrant le matin à sept heures et demie, je trouvai la température de l'eau, dans l'appareil nu (n° 3), à $50 \frac{1}{2}$°; et dans l'appareil n° 4, revêtu de peau de batteur d'or, à 49 ¼° : l'air de la chambre était à 48°.

A sept heures et demie je transportai les deux appareils dans une chambre chaude, et j'observai les temps de leur réchauffement respectif, tels qu'ils sont indiqués dans la table suivante.

TEMPS DES OBSERVATIONS.	TEMPÉRATURE OBSERVÉE. N° 3, nu.	TEMPÉRATURE OBSERVÉE. N° 4, revêtu.	TEMPÉRATURE DE LA CHAMBRE.
7h 30'.	50⅛°	49¼°	64°.
7 45	51½	51½	64½
8 —	52½	53⅛	65
8 15	53¾	54⅞	—
8 30	54⅜	56	—
8 45	55½	57⅛	—
9 —	56¼	58½	—
9 30	57½	60	—
10 —	58¼	61¼	—
10 30	59½	62⅛	—
11 —	60½	63	—
11 30	61	63½	64½

Les résultats de cette expérience, et de plusieurs autres semblables, montrerent, d'une maniere qui me parut parfaitement concluante, que les substances qui abandonnent leur chaleur le plus promptement, sont aussi celles qui l'acquierent le plus rapidement.

Si nous pouvons supposer que les températures des corps sont changées, non par les rayons qu'ils *émettent*, mais par ceux qu'ils *reçoivent* des corps environnants, ce fait peut aisément être expliqué ; mais, sans m'arrêter ici pour former aucune hypothese, pour l'explication de ces phénomenes, je continuerai à rendre compte des expériences que j'ai faites pour éclaircir ce sujet si intéressant, et si profondément enveloppé d'obscurité.

Puisque le refroidissement d'un corps chaud, dans l'air, est si fort accéléré lorsqu'on couvre sa surface d'une enveloppe qui émet en abondance des rayons calorifiques, ou qui est fort affectée par des rayons frigorifiques des corps plus froids qui l'environnent, il paraît très-probable qu'une partie comparativement petite, de la chaleur que perd un corps ainsi refroidi, est acquis par l'air, et qu'une proportion beaucoup plus grande de cette chaleur s'échappe au travers de ce fluide *transparent*, en forme de rayons calorifiques, sans l'échauffer.

Si cette supposition se trouvait fondée, la connaissance de ce fait nous mettrait en état d'expliquer plusieurs phénomenes intéressants, et entre autres, celui si extraordinaire de la permanence de température que conservent les animaux vivants et respirants, malgré les grandes quantités de chaleur qui sont continuellement produites dans les poumons, et malgré les changements considérables qui ont lieu dans la température de l'air dans lequel ils vivent.

Il est évident que plus sera grande la faculté que possede un animal respirant, d'*émettre* ou *envoyer* la chaleur, de la surface de son corps, indépendamment de celle que lui enleve l'air environnant, moins sa température sera affectée par les changements qui ont lieu dans la température de l'atmosphere, et moins il sera opprimé par les chaleurs excessives des climats très-chauds.

On sait bien que les negres et les hommes de couleur en général, supportent les chaleurs de la zône torride beaucoup mieux que ne le font les blancs : n'est-il pas probable que leur *couleur* leur donne la faculté de lancer des rayons calorifiques avec grande facilité et en grande abondance ; et que c'est à cette circonstance qu'ils doivent l'avantage qu'ils ont à cet égard sur les blancs ?

Et, même, s'il se trouvait vrai (ce que je regarde comme très-probable) que les corps sont refroidis, non pas à raison des rayons qu'ils émettent, mais par ceux qu'ils reçoivent des corps froids environnants ; cependant, comme il a été prouvé que les corps qui envoient beaucoup de rayons calorifiques, sont ceux qui sont le plus sensiblement affectés par les rayons frigorifiques des corps froids, il est évident que dans un climat très-chaud, où l'air et tous les corps environnants sont habituellement à une température qui est peu au-dessous de celle de la peau, les individus qui, par leur couleur, sont disposés à être refroidis avec la plus grande facilité, seront le moins opprimés dans les pays chauds, par l'accumulation de la chaleur produite dans leur intérieur par l'action des poumons dans la respiration.

Les expériences suivantes furent destinées à éclaircir ce point intéressant.

Vingt-septieme expérience. Après avoir garni de peau de batteur d'or le fond de chacun de mes deux vases cylindriques, à goulot oblique, je teignis l'une de ces enveloppes animales en noir, avec de l'encre de la chine, et remplissant ensuite les deux vases d'eau bouillante, je les présentai, à distances égales, aux deux boules du thermoscope.

A l'instant, l'index fut chassé par l'action supérieure des rayons qui provenaient de la surface de la peau *noircie.*

Je répétai l'expérience à diverses températures, et je trouvai constamment que l'influence calorifique de la surface *noircie* surpassa toujours celle de la surface qui ne l'était pas.

Quoique le fait en question me parut établi d'une maniere indubitable par cette expérience, cependant, dans une recherche d'une si haute importance, j'ai cru nécessaire de varier mes expériences, afin de rendre leurs résultats d'autant plus concluisifs.

Vingt-huitieme expérience. Après avoir couvert mes deux grands vases, numéros 3 et 4, de peau de batteur d'or, je peignis l'un d'eux en *noir,* avec de l'encre de la Chine, et ayant rempli l'un et l'autre d'eau bouillante, je les mis à refroidir avec les précautions si souvent indiquées.

Le vase n° 4, *noirci,* parcourut dans son refroidissement l'intervalle ordinaire de 10 degrés en

23 ½ min., tandis que l'autre, n° 3, non noirci, employa 28 min. à le parcourir.

Ces résultats n'ont pas besoin d'éclaircissement, et je laisse aux physiciens et aux physiologistes à déterminer quels avantages on peut retirer de la connaissance de ces faits, pour prendre des mesures sures pour la conservation de la santé des Européens qui sont appelés à vivre dans les climats chauds : je dirai seulement que si j'étais dans ce cas, j'essayerais très-certainement de noircir ma peau, ou au moins de porter une chemise noire, à l'ombre, et sur-tout la nuit, pour éprouver si par ces moyens je ne parviendrais pas à me garantir des inconvénients et des dangers du climat.

Quelques unes des tribus sauvages qui habitent des pays très-froids, ont l'habitude de s'oindre d'huile, qui rend leurs corps reluisants, par l'effet de la réflexion plus abondante des rayons de lumiere qui viennent frapper leur peau : les rayons frigorifiques ne seraient-ils point aussi réfléchis par le même procédé ?

S'il en est ainsi en effet, au lieu de mépriser ces pauvres créatures à cause de leur attachement à une habitude dégoûtante et inutile en apparence, il faudrait s'étonner de leur prévoyance, ou bien plutôt admirer et adorer la bonté de cette providence tutélaire, qui leur apprend à aimer et à pratiquer ce qu'elle sait leur être avantageux.

Les Hottentots enduisent leurs corps d'une maniere encore plus dégoûtante : ils se regardent comme fort parés, lorsqu'ils sont recouverts d'une couche de graisse mêlée d'ordures ; qui sait si cet enduit ne les rend pas plus capables de supporter l'excessive chaleur de leur climat? Quelques expériences que j'ai faites d'après cette conjecture, et dont je rendrai compte dans une autre occasion, m'ont donné lieu de croire que les Hottentots trouvent dans cette pratique les mêmes avantages que la nature a accordés aux negres en les faisant noirs.

On ne supposera pas sans doute que j'entende jamais recommander sérieusement à des nations policées les usages malpropres de ces sauvages ; j'ai au contraire toujours considéré la propreté comme si indispensablement nécessaire au bien être et même au bonheur, que je ne peux pas concevoir de jouissance réelle sans elle ; mais je ne suis pas moins persuadé que la connaissance des avantages physiques que ces sauvages retirent de ces pratiques, pourrait nous conduire aux mêmes résultats, par des procédés plus analogues à nos habitudes de propreté. Une connaissance parfaite de la maniere dont la chaleur et le froid sont excités, pourrait nous mettre à portée de produire ces effets avec une certitude parfaite ; en même-temps, l'examen approfondi des phénomenes que nous avons tous les jours l'occasion d'observer, peut nous fournir des connaissances très-utiles.

S'il est vrai que la couleur noire d'un negre, en

le rendant plus sensible au petit nombre de rayons frigorifiques qu'il peut rencontrer encore dans un climat très-chaud, le met en état de supporter les grandes chaleurs de la zône torride, on peut demander comment il peut supporter, *nu*, les rayons directs d'un soleil brûlant.

Ceux qui ont vu des negres exposés nus aux rayons du soleil, dans un pays chaud, ont pu observer que leur peau, *dans cette circonstance*, est toujours très-reluisante; une matiere huileuse qui transude alors à travers leurs pores, produit cet effet, et le poli de la surface qui en résulte réfléchit sans doute les rayons calorifiques du soleil.

Si la chaleur devient très-forte, *la sueur* paraît à la surface de la peau; alors l'effet frigorifique de l'évaporation se joint à celui de la réflexion plus abondante, par la cause que je viens de désigner, et le negre est d'autant mieux rafraichi.

Quand le soleil est sous l'horison, la sueur disparaît, la matiere huileuse même, qui était à la surface de la peau, rentre à l'intérieur, et l'épiderme reste dans un état très-favorable à l'admission de ces faibles rayons frigorifiques, qui viennent des objets environnants; mais je n'étendrai pas actuellement plus loin ces spéculations.

Je vais donner les détails de plusieurs expériences faites dans la vue de continuer mes recherches sur les rayonnements des corps froids.

Après avoir trouvé que le rayonnement des corps froids affectait sensiblement mes thermoscopes, même d'assez loin, et abstraction faite de toute influence des courants d'air, je voulus éprouver si le refroidissement d'un corps chaud serait ou non *sensiblement* accéléré par ces rayonnements : je fis, dans ce but, l'expérience suivante.

Vingt-neuvieme expérience. Après m'être procuré deux vases coniques de laiton mince, de quatre pouces de diametre à la base, et quatre pouces de haut, se terminant en un col cylindrique de 0,88 de pouce de diametre, et quatre pouces de long, je les renfermai l'un et l'autre dans un cylindre de carton mince, couvert de papier doré, et je les garnis de fourrures de lapin, de maniere qu'aucune partie de ces vases, excepté leur fond plat, ne fût exposée au contact de l'air : je couvris ensuite les fonds avec de la peau de batteur d'or, teinte en noir avec de l'encre de la Chine.

Je suspendis ensuite ces deux vases dans une position verticale, aux deux extrémités opposées d'un support horizontal de bois, et je mis sous chacun d'eux un bassin d'étain, noirci en dedans sur la flamme d'une bougie; chacun de ces bassins avait douze pouces de diametre, et reposait sur un vase de fayence peu profond, et de onze pouces et demi de diametre dans le haut : le dernier vase portait sur un support circulaire, en bois, de dix pouces de diametre.

On mit sur chacun des bassins, ou plateaux d'étain, une feuille de fort papier à dessiner, taillée en rond et percée au milieu d'un trou circulaire de six pouces de diametre. Ce papier faisait la fonction d'un couvercle percé.

D'après la disposition relative des diverses parties de l'appareil, la surface supérieure de chaque bassin était élevée précisément de quarante pouces au-dessus du plancher de la chambre, et le fond des vases de laiton, situés verticalement au-dessus des bassins, était précisément à quatre pouces de distance de leur surface supérieure.

L'un de ces bassins était à la température de la chambre (63° F), l'autre fut maintenu à la température de la glace fondante pendant toute la durée de l'expérience, au moyen d'une certaine quantité de glace pilée, mêlée d'eau, dont on remplit le vase de fayence dans lequel plongeait le bassin d'étain.

Chacun de ces bassins d'étain avait précisément un pouce de profondeur, mesuré depuis le haut du rebord jusques à la surface supérieure de son fond plat; ce fond avait environ huit pouces de diametre.

On remplit d'eau bouillante les deux vases coniques, et on observa soigneusement les temps employés à leur refroidissement.

D'après la description de l'appareil, il est évident que le vase suspendu au-dessus de la glace ne pouvait être atteint par aucun courant d'air froid occasionné par la présence de cette glace, ou par le refroidissement qu'elle occasionnait dans les parois du vase de fayence qui la contenait: cet air devenant spécifiquement plus pesant à l'instant où il était refroidi, se mettait à descendre vers le plancher, et l'air refroidi dans le plateau y était maintenu par le rebord circulaire du papier qui empêchait qu'il ne fût mis en mouvement par quelques ondulations qui auraient pû exister dans celui de la chambre, qu'on tenait d'ailleurs fermée jusques aux volets même qui n'étaient ouverts que lorsqu'il fallait un peu de jour pour observer les thermometres logés dans les vases coniques.

Pour mettre encore mieux les fonds de ces vases à l'abri des ondulations de l'air de la chambre qui auraient pu introduire quelque irrégularité dans leur refroidissement, on avait entouré chacun d'eux d'une enveloppe cylindrique de papier fin qui dépassait d'un demi-pouce la surface du fond. Ces enveloppes étaient appliquées juste, sur le cylindre de carton qui enveloppait les vases coniques, et la fourrure de lapin recouvrait le tout : on avait d'ailleurs rempli d'édredon l'intervalle entre la paroi conique de chacun des vases et le cylindre de carton qui enveloppait ses parois, dans le but de retenir encore mieux la chaleur latérale, et de borner autant qu'il serait possible aux influences exercées sur la surface inférieure, les effets relatifs au refroidissement.

Le résultat de cette expérience fut très-concluant. Le vase conique suspendu au-dessus du bassin à la glace, parcourut dans son refroidissement l'intervalle ordinaire de 10 degrés (savoir, du cinquantieme au quarantieme au-dessus de la température de l'air de la chambre), en 33 minutes 42 secondes, tandis que l'autre vase, qui n'était pas au-dessus d'une surface froide à la glace, employa 39 min. 15 sec. à parcourir le même intervalle dans son refroidissement.

Trentieme expérience. En répétant cette expérience le lendemain, l'air de la chambre demeurant à 63°, les refroidissemens respectifs pour le même intervalle de température furent observés comme il suit.

Le vase suspendu sur le bassin à la glace.	33′	15″
L'autre vase sur le bassin à la température de la chambre. . . .	39	30

Il paraît, d'après ces expériences, qui furent faites avec grand soin, que les rayonnements des corps froids agissent sur les corps plus chauds, à *distance*, et tendent à abaisser graduellement la température de ceux-ci.

Il sera également évident, si nous considérons ce sujet avec attention, que le refroidissement du vase suspendu au-dessus du bassin refroidi, fut, dans le fait, beaucoup plus accéléré par les rayonnements frigorifiques qui en provenaient, que la simple différence des temps du refroidissement comparé, ne semble l'indiquer, si l'on n'a égard à aucune autre circonstance.

Ces temps sont sans doute inversement comme

la rapidité du refroidissement; mais comme toute la chaleur perdue dans ces expériences n'a point passé exclusivement par le fond des vases, et comme les rayons provenant de la surface froide sont tombés *seulement sur le fond* du vase suspendu au-dessus d'elle, sans avoir eu d'influence sur les parois latérales du vase, la promptitude avec laquelle la chaleur se dissipait par ces parois était la même pour les deux vases; par conséquent, l'appareil dont le refroidissement a été le plus lent, c'est-à-dire celui qui n'était pas placé au-dessus de la glace, a dû perdre plus de chaleur par les côtés, et moins par conséquent par le fond, à raison de cette considération particuliere.

Le refroidissement de ces appareils est un procédé plus compliqué qu'il ne semble l'être au premier coup-d'œil : il exige quelques développements.

Les deux vases étant à tous égards semblables, et contenant des quantités égales d'eau à même température, les quantités absolues de chaleur qu'ils ont perdu l'un et l'autre, à degré égal de refroidissement, doivent être égales.

Exprimant par a cette quantité, et représentant par x la quantité qui s'est échappée par les côtés revêtus du vase suspendu au-dessus de la glace, pendant qu'il a parcouru dans son refroidissement l'intervalle donné de 10 degrés, et par y la quantité qui a traversé les parois latérales de l'autre appareil, pendant le temps qu'il a mis à se refroidir de la même quantité, la quantité de chaleur qui s'est fait jour par le fond du vase suspendu sur la glace, pendant le temps qu'il a mis à parcourir le même intervalle de refroidissement, doit avoir été $a - x$; de même, la chaleur échappée du fond de l'autre vase pendant son refroidissement, d'un même nombre de degrés, devra être $a - y$.

Mais comme la vîtesse de la transmission latérale de la chaleur était la même dans les deux appareils, les quantités de chaleur, dissipées *par cette voie,* doivent avoir été entre elles comme les temps du refroidissement : ces temps, dans la derniere expérience (n° 30), ont été comme il suit.

Du vase suspendu au-dessus de la glace. . . . . 33′ 15″ = 1995″
De l'autre vase. . . . . 39′ 30″ = 2370″.

Donc, $x : y = 1995 : 2370$.

On a par conséquent $x = \frac{1995\, y}{2607} = 0.84177\, y$

Ainsi substituant pour x sa valeur $= 0.84177 y$, les quantités de chaleur qui ont traversé les fonds des deux vases dans l'expérience en question (n° 30), doivent avoir été $= a - 0.84177 y$, pour le vase suspendu au-dessus de la glace, et $= a - y$, pour l'autre vase.

Et comme y est plus grand que $0.84177 y$, $a - 0.84177 y$ est plus grand que $a - y$, ou, en d'autres termes, la quantité de chaleur qui a *traversé le fond* du vase qui s'est refroidi le plus vîte, a été plus grande que celle qui a traversé le fond de l'autre vase : nous voyons par là que l'effet produit par les rayons frigorifiques venant de la surface froide, dans les expériences en question, a été plus considérable qu'il ne paraissait l'être au premier aspect, lorsqu'on l'estimait seulement d'après les temps de refroidissement.

Pour déterminer exactement de combien le refroidissement a été accéléré par la présence du corps froid, il faut trouver combien de chaleur a réellement traversé le fond des deux vases dans les expériences en question : nous essayerons de le faire, en comparant leurs résultats avec ceux de quelques autres expériences de même nature.

Dans l'expérience n° 28, un vase cylindrique de laiton mince, de quatre pouces de diametre et quatre pouces de haut, couvert de peau de batteurs d'or, noircie avec de l'encre de la Chine, étant rempli d'eau chaude, et mis à refroidir dans une grande chambre, a employé 23 $\frac{1}{2}$ min. à descendre du 50me au 40me degré au-dessus de la température de l'air ambiant.

La quantité de surface de ce vase exposée à l'air froid, était de 74.5581 pouces quarrés, sans le goulot; lequel était garni de fourrure.

La surface exposée à l'air dans les expériences faites avec les vases coniques, c'est-à-dire la superficie du fond de chacun de ces vases, était de $4 \times 3,14159 = 12.4263$ pouces quarrés.

Comme les diametres et les hauteurs des vases coniques et cylindriques étaient respectivement égaux, leurs capacités devaient être dans le rapport de 1 à 3; et les quantités de chaleur qu'ils perdaient en se refroidissant devaient être comme leurs capacités respectives.

Maintenant, si le vase cylindrique avait perdu une quantité = 3 dans 23 ½ minutes, il aurait dû laisser échapper une quantité = 1 (celle que le vase conique avait perdue) dans un tiers de ce temps, c'est-à-dire en 7 min. 50 secondes.

Mais la quantité de surface exposée à l'air dans l'expérience avec le vase cylindrique, était à celle exposée de même dans l'expérience faite avec le vase conique, comme 74.5581 à 12.4263, ou comme 6 à 1.

Or, comme le temps pendant lequel une quantité donnée de chaleur s'échappe d'un vase fermé, dans un milieu fluide ambiant, doit être, toutes autres choses égales, inversement comme la surface du vase; si une quantité de chaleur = 1 a pu sortir du vase cylindrique en 7 min. 50 secondes, il lui aurait fallu six fois plus de temps, c. a. d. 47 min. pour sortir du vase conique *au travers de son fond plat*, en supposant qu'il ne s'échappât point de chaleur par les parois recouvertes du vase.

Si donc toute la chaleur qu'a perdu le vase conique eût employé 47 minutes à traverser le fond de ce vase, il est tout à fait évident que la quantité qui a réellement traversé cette surface dans l'expérience en question (n° 30), n'a pas pu être en plus grande proportion relativement à la quantité totale de perte, que celle de 39 ½ à 47.

Prenant

Prenant donc un nombre quelconque, 10,000 par exemple, pour représenter la quantité totale de chaleur perdue durant l'expérience, nous pouvons maintenant déterminer quelle portion de cette chaleur a traversé le fond du vase conique, et par conséquent quelle portion a passé au travers de ses parois revêtues.

Si la quantité totale = 10,000 aurait mis 47 min. à traverser le fond du vase, celle qui l'a réellement trversé en 39 ½ min. = $a - y$, ne pouvait pas s'élever à plus de 8404; car, 47′ : 10000 = 39 ½ : 8404. Le reste de cette chaleur, = 10000 — 8404 = 1396 = y doit avoir traversé les parois latérales du vase.

Et si une quantité de chaleur = 1396 a employé 39 ½ min. à traverser les parois couvertes de l'un des vases coniques, la quantité qui a traversé les parois de l'autre en 33 ¼ min. ne peut pas avoir dépassé 1175, et le reste, qui a réellement disparu dans l'expériencc = 10000 — 1175 = 8825 = $a - x$, doit avoir passé au travers du fond du vase.

Il paraît de là que la quantité de chaleur qui a réellement traversé le fond du vase conique placé sur la glace, en 33 ¼ min., a été à celle qui a passé en 39 ½ min. au travers du fond de l'autre vase, comme 8825 à 8404; et que, par conséquent, la vitesse avec laquelle la cha eur s'est dissipée par le fond du vase exposé aux rayons frigorifiques provenant de la surface du plateau refroidi, était à la vîtesse avec laquelle elle a traversé le fond de l'autre vase, en raison de 8825 à 8404 et de 39 $\frac{1}{2}$ à 33 $\frac{1}{4}$, ou comme 10000 à 8025 ; c'est-à-dire comme 5 à 4, à très-peu près.

Il paraît résulter de ces expériences et de ces calculs, que le refroidissement du corps chaud placé au-dessus du bassin refroidi à la glace, a été sensiblement, et même considérablement accéléré par le voisinage de ce corps froid : ne pouvons-nous pas aller jusqu'à dire que c'est par les rayons frigorifiques qui en émanaient ?

J'ai fait beaucoup d'autres expériences semblables à celles que je viens de décrire, et j'ai toujours obtenu des résultats analogues ; mais j'en supprime les détails ; peut-être y reviendrai-je par la suite.

Dans les deux dernieres expériences, comme les vases coniques étaient suspendus verticalement, et environnés, ainsi que je l'ai dit, d'un cercle cylindrique de papier, qui dépassait d'un demi-pouce le plan horizontal de leur fond, l'air qui venait toucher ce fond, et qui en s'y réchauffant acquérait de la légereté spécifique, ne pouvait s'échapper *en haut* dans l'atmosphere, à raison du cercle de papier qui le contenait. Il n'y a pas de doute que le temps du refroidissement ne fût sensiblement prolongé par cette circonstance : car, comme il y a fort lieu de croire que la propagation de la chaleur *de haut en bas* dans l'air, de l'une des molécules de ce fluide à l'autre est, ou tout à fait impossible, ou si excessivement lente, qu'elle en est imperceptible, comme une succession de particules nouvelles d'air froid ne pouvait arriver en contact du fond des vases, le fluide ne pouvait enlever *de cette maniere* que très-peu de chaleur, dans ces expériences.

Pour obtenir un aperçu de la quantité ainsi communiquée, lorsque de nouvelles particules d'air avaient un libre accès à cette surface, je fis l'expérience suivante.

Trente-unieme expérience. On suspendit dans l'air, à quarante-quatre pouces de distance du plancher, les deux vases coniques (que je distinguerai dorénavant par les numéros 5 et 6); on les remplit d'eau bouillante, et on les laissa refroidir, après avoir enlevé les bassins, leurs supports, etc.

Le vase n° 5, était suspendu verticalement, c'est-à-dire, que son fond demeurait dans une position horizontale, comme auparavant; mais on inclina sous un angle de 45°, avec le plan de l'horizon, l'axe du vase n° 6, et par conséquent le fond plan de ce vase se trouvait incliné sous le même angle. Il résultait de cette position que l'air chauffé par le contact contre ce plan incliné, avait toute liberté de s'échapper de *bas en haut*, en faisant place à de nouvelles particules qui s'élevaient à leur tour après s'être chauffées, et ainsi de suite. On pouvait croire que dans ces circonstances le corps chaud communiquerait *immédiatement* à l'air ambiant autant de chaleur qu'il serait possible, et que cette disposition tendrait à accélérer le refroidissement du vase.

Il y eut effectivement une différence dans ce sens entre le refroidissement de ce vase et celui du n° 5, suspendu verticalement, mais elle fut très-peu considérable; ce qui indique, si je ne me trompe, que la quantité de chaleur communiquée *immédiatement à l'air* par un corps qui se refroidit dans ce fluide, est petit en comparaison de celle qui se dissipe par le rayonnement.

Le vase n° 5 se refroidit de ses dix degrés ordinaires en 38 ½ min., et le vase incliné n° 6, en 37 ¾ minutes.

On remarquera sans doute que le vase n° 5 se refroidit un peu plus vîte dans cette expérience qu'il ne l'avait fait dans les deux précédentes, n° 29 et 30, dans lesquelles il était suspendu au-dessus du bassin d'étain, lequel (du moins au commencement de l'expérience) était à la température de l'air de la chambre. Les rayons calorifiques qui s'échappaient du fond du vase chauffaient un peu le bassin, et plus encore peut-être le disque perforé de papier qui le couvrait; par cette raison, l'influence frigorifique provenant de ces corps devait être moins efficace pour abaisser la température du vase, et son refroidissement devait en être rallenti d'autant.

Dans l'une des expériences précédentes, l'appareil avait parcouru son intervalle ordinaire de refroidissement (10 degrés) en 39 $\frac{1}{2}$ min.; dans l'autre, en 39 $\frac{1}{4}$ min., et dans celle-ci en 38 $\frac{1}{2}$ min. seulement.

Si, maintenant, nous supposons (ce qui ne me paraît point improbable) que toute, ou à très-peu près toute la chaleur perdue par l'instrument n° 5, a rayonné au travers de l'air, nous pouvons établir quelle portion de chaleur, qu'a perdu l'instrument n° 6, a été communiquée *à l'air* qui s'est trouvé en contact avec sa surface.

Représentant par 10000 la quantité de chaleur perdue par chacun des instruments dans le refroidissement de 10 degrés observé, comme nous avons vu tout à l'heure qu'une quantité de chaleur = 1396 traverse les parois revêtues de chacun des deux appareils en 39 $\frac{1}{2}$ min., les quantités ainsi perdues dans cette expérience doivent avoir été, savoir, par l'instrument n° 5 en 38 $\frac{1}{2}$ min. 1081; par le n° 6 en 37 $\frac{1}{4}$ min. 1046; et, déduisant les quantités ainsi échappées par les parois latérales, de la quantité totale perdue par chacun, = 10000, nous trouverons combien de chaleur a traversé le fond de chacun des deux appareils. Pour l'instr. n° 5, on a 10000 — 1081 = 9919.

Pour celui n° 6, 10000 — 1046 = 9954.

Maintenant, si toute la chaleur qui a traversé le fond de l'instrument n° 5 a rayonné *au travers de l'air*, comme il n'y a aucune raison de supposer qu'il en ait passé moins, *de la même maniere*, par le fond de l'instrument n° 6, il paraît que ce dernier doit avoir perdu, par le rayonnement seul, une quantité de chaleur = 9597.

Car on a 38′ $\frac{1}{2}$: 9,919 = 37′ $\frac{1}{4}$: 9,597.

Et si, sur la quantité totale de chaleur échappée par le fond de l'instrument conique nº 6 = 9954, une quantité = 9597 a traversé l'air sous la forme de rayons calorifiques, le reste seulement, soit 357 parties, peut avoir été communiqué à l'air par le contact.

Il paraît de-là, que quand un corps chaud est refroidi dans l'air, $\frac{1}{27}$ seulement de la chaleur qu'il perd est acquis par ce fluide ambiant; car, 357 : 9597 = 1 à 27 à-peu-près : mais c'en est assez sur ce sujet, quant à présent.

Un des objets que j'avais en vue dans la derniere expérience était de découvrir si le refroidissement d'un corps chaud dans l'air, est, ou n'est pas sensiblement accéléré, ou retardé, par la plus grande, ou moindre distance à laquelle le corps se trouve à d'autres corps solides environnants, quand ces corps sont à la même température que l'air; et comme la comparaison du résultat de cette expérience avec ceux des deux précédentes indiquait si évidemment que le refroidissement du vase conique, dans les expériences précédentes, avait par le fait été *retardé* par le voisinage du bassin d'étain, au-dessus duquel il était suspendu, je fus conduit à répéter ces expériences, avec quelques variations.

Ces recherches me paraissaient d'autant plus

importantes, qu'elles me semblaient conduire à la découverte de l'une des causes de la chaleur des substances employées dans les vêtements.

Trente-deuxieme expérience. Je replaçai les bassins d'étain sous les vases coniques, comme précédemment, mais seulement à trois pouces de distance; le bassin sous le nº 5 était à la température de la chambre (62°), l'autre, sous le nº 6, était maintenu à la température de la congélation, par un mêlange d'eau et de glace qui se trouvait dans le vase de fayence, sur lequel ce bassin était placé.

Les temps de refroidissement des vases (pour les 10 degrés), dans cette situation, furent comme il suit.

Nº 5 . . . . 40 $\frac{3}{4}$ min.
Nº 6 . . . . 33 $\frac{1}{4}$ min.

Trente-troisieme expérience. Je répétai cette expérience, en rapprochant encore davantage des vases coniques les bassins situés au-dessous d'eux, que je mis cette fois à deux pouces de distance seulement : les disques de papier, percés d'un trou circulaire, étaient en place sur les bassins. On se rappellera que cette ouverture n'avait pas moins de six pouces de diametre, et que, par conséquent, une partie considérable du fond plat du bassin était, si je puis m'exprimer ainsi, *en pleine vue* du fond du vase conique suspendu au-dessus.

Les temps de refroidissement furent comme il suit (pour les 10 degrés).

N° 5. . . . . 42 $\frac{3}{4}$ min.

N° 6, au-dessus de la glace. . . . . 32 $\frac{1}{2}$

Ces expériences prouvent ce à quoi on aurait dû s'attendre, si l'on suppose que les corps sont refroidis et échauffés par des rayonnements; savoir, que quoique le refroidissement du vase chaud suspendu au-dessus d'une surface artificiellement refroidie, fût accéléré par l'effet du rapprochement des surfaces, cependant, dans le cas particulier où la surface froide l'était à un degré moindre, et où sa température pouvait s'élever sensiblement par les rayons calorifiques provenant du corps chaud, le refroidissement de celui-ci était sensiblement *retardé* par son rapprochement vers cette même surface froide.

Nous pouvons donc conclure avec sécurité de ce qui précede, que, si le corps chaud, au lieu d'être un vase conique, revêtu par tout, sauf à sa base, eût été un globe, et si ce globe eût été suspendu au centre d'une sphere creuse, plus grande, mince, qui, au commencement de l'expérience, eût été à la même température que l'air et les murs de la chambre, le voisinage des parois de la sphere creuse aurait retardé le refroidissement du corps chaud, tout comme le refroidissement du vase conique n° 5, avait été retardé dans les expériences précédentes, et que, si au lieu de renfermer le corps chaud au centre d'une seule sphere creuse, d'épaisseur donnée, on l'eût placé dans le centre commun d'un nombre de spheres concentriques, beaucoup plus minces, le refroidissement aurait été encore beaucoup plus retardé.

En suivant par la pensée les diverses opérations qui auraient lieu dans le refroidissement du corps chaud, dans cette expérience imaginaire, nous connaîtrons la nature de celles qui ont réellement lieu lorsqu'on retarde le refroidissement au moyen d'une de ces enveloppes qu'on appelle chaudes.

Si, par exemple, nous supposons que ces spheres creuses et minces, dans lesquelles nous mettons le corps chaud, sont de métal poli, le refroidissement sera plus lent que si ce métal est noirci. Cette conséquence nous conduira à soupçonner ce qui est peut-être vrai en fait; savoir, que la *chaleur* d'une substance vestimentale, ou sa faculté d'empêcher que nos corps ne soient refroidis par l'influence (les rayonnements frigoriques) des corps plus froids environnants, dépend beaucoup *du poli de sa surface.*

Si nous examinons au microscope les substances qui nous habillent le plus chaudement, par exemple, les fourrures, les plumes, la soie, etc., nous trouverons que leurs surfaces sont éminemment polies, et que, toutes choses égales, celles là sont le plus chaudes qui sont le plus atténuées, ou composées de fibres bien détachées et bien polies.

La fine fourrure blanche du lievre de Russie est beaucoup plus chaude qu'une fourrure grossiere; et la soie fine, telle que la travaille le ver, est plus chaude que la même soie tordue en fils plus grossiers, comme je l'ai trouvé par des expériences directes. (*Voyez mes expériences sur la chaleur, publiées dans mon huitieme Essai*).

J'avais considéré autrefois la chaleur des vêtements naturels et artificiels comme dépendant *surtout* de l'obstacle qu'opposent ces substances aux mouvements de l'air dont le corps chaud est environné, mais un examen fait avec soin, m'a convaincu que l'efficacité du rayonnement dans cette opération est beaucoup plus grande que je ne l'avais d'abord supposée.

L'expérience n° 31 pourrait nous mener à croire qu'une très-petite partie seulement de la chaleur qu'un cops chaud paraît perdre lorsqu'il est refroidi dans l'air, est réellement communiquée à ce fluide, et qu'une portion beaucoup plus considérable, est communiquée aux autres corps environnants, à distance; et dans une de mes anciennes expériences, un corps chaud se refroidit quoique mis dans le vide de Torricelli. (*Voyez mes expériences sur la chaleur. Philos. Trans., vol.* 71, *et mon huitieme Essai*).

Ces recherches m'intéressent d'autant plus que j'ai été depuis long-tems persuadé que ce n'est que par cette classe d'expériences, qui montrent de quelle maniere les températures des corps sont réciproquement affectées à différentes distances, que l'hypothese des vibrations peut être établie ou renversée.

Lorsque je parle de la chaleur, comme étant communiquée à l'air *immédiatement* par un corps chaud qui se refroidit dans ce fluide, je veux seulement dire que la chaleur n'est pas *premièrement* communiquée aux corps environnants, et ensuite donnée *par eux* aux particules d'air avec lesquelles ils se trouvent en contact; de cette derniere maniere une grande partie sans doute de la chaleur que perd un corps qui se refroidit dans l'air, est *finalement* communiquée à ce fluide.

Je suis loin de supposer que les particules d'air qui, arrivant en contact avec un corps chaud, sont réchauffées par l'effet de ce prochain voisinage, reçoivent la chaleur de *toute autre maniere* que ne le font les autres corps situés à une plus grande distance : si, dans un cas, la chaleur est produite ou excitée par l'influence de rayons calorifiques, ou d'ondulations produites par le corps chaud, elle doit, j'en suis persuadé, être excitée de la même maniere dans tout autre.

La raison qui fait que la particule d'air qui est en contact immédiat avec un corps chaud est chauffée, tandis que d'autres particules voisines ne sont pas affectées par les rayons calorifiques qui arrivent du corps chaud, et passent continuellement auprès de ces particules, est, à ce que je crois, que la particule chauffée se trouve *à la surface du fluide* (l'air), c'est-à-dire dans la région où ces rayons sont, ou réfléchis, ou refractés, ou absorbés; mais quand un rayon a une fois dépassé *la surface* d'un fluide transparent, il procede droit en avant, sans être affecté par ce fluide, et, *par conséquent, sans l'affecter,* jusqu'à ce qu'il atteigne les limites du milieu, ou qu'il arrive à la surface de quelqu'autre corps.

Si cette hypothese de la communication, ou plutôt de la *génération* de la chaleur et du froid par le rayonnement, est vraie, nous pouvons expliquer assez bien ce qu'on a appelé la *faculté non conductrice* des fluides transparents, relativement à la chaleur; car si elle est véritablement communiquée ou excitée de la maniere ici décrite, il est très-évident qu'un fluide *parfaitement transparent,* ne peut recevoir de chaleur qu'à sa surface, et qu'en conséquence, la chaleur ne peut se propager d'une molécule à l'autre dans un tel fluide.

J'appelle fluide *transparent,* celui qui permet un passage libre aux rayons des corps chauds et froids, sans diminuer leurs intensités.

Je ne déciderai point si parmi les fluides à nous connus, il y en a de *parfaitement transparents;* mais il y a lieu de présumer que l'eau pure, l'air, et la plupart des autres fluides transparents pour la lumiere, possedent un degré éminent de transparence, relativement aux rayons calorifiques et frigorifiques, c'es-à-dire qu'ils leur accordent un passage très-libre.

On a trouvé qu'une surface unie ou polie facilitait beaucoup la réflexion des rayons de lumiere;

cette circonstance ne pourrait-elle pas, dans tous les cas, avoir une tendance égale à faciliter les réflexions des rayons calorifiques et frigorifiques?

Dans les expériences avec les grands vases cylindriques, lorsqu'on les exposait *nus* au refroidissement dans l'air, leurs surfaces étaient polies, et ils mettaient beaucoup de temps à se refroidir; mais quand la surface du vase était noircie, ou couverte de quelqu'autre substance étrangère, le vase se refroidissait beaucoup plus vîte.

Une grande partie des rayons frigoriques provenant des corps froids environnants, était, dans le premier cas, réfléchie par la surface polie du vase métallique; dans le second cas, il y en avait plus d'absorbés.

Quand une grosse goutte d'eau roule, sans s'évaporer, sur un fer rouge, la surface de la goutte est *polie*, et les rayons calorifiques du métal étant pour la plupart réfléchis, l'eau se réchauffe très-peu, malgré l'extrême intensité de la chaleur du fer, et sa grande proximité de la goutte d'eau.

Si le fer est *moins chaud*, l'eau pénètre les pores de l'oxide qui couvre le métal, — la goutte cesse d'avoir une surface polie, — elle acquiert très-rapidement de la chaleur, — et elle est évaporée dans un instant.

Si l'on met une goutte d'eau sur la surface nette et polie d'un métal qui ne soit pas aussi facilement oxidable que le fer, elle retiendra sa forme sphérique et sa surface polie, sous une moindre température qu'elle ne le ferait sur le fer, et par conséquent, elle sera moins chauffée et moins facilement vaporisée par une chaleur modérée.

Si l'on met une grosse goutte d'eau dans une cuiller d'argent, propre et bien chauffée, au degré où le contact du doigt mouillé produit un fort sifflement, mais fort au-dessus de la température à laquelle le métal rougit, la goutte résistera longtemps à cette chaleur ; mais après qu'on a laissé refroidir la cuiller jusques au degré voisin de celui de l'eau bouillante, la goutte d'eau qu'on y jette s'évapore à l'instant.

Ces expériences semblent indiquer que dans de hautes températures l'air est attiré par les métaux, assez fortement pour que le poids d'une goutte d'eau ne puisse chasser la couche de ce fluide élastique qui s'attache à la surface d'un métal sur lequel elle repose ; mais dans des températures plus basses, cette forte adhésion n'a pas lieu.

L'expérience suivante pourra jeter quelque jour sur ce sujet : je la fis il y a quelques mois, dans le but de rechercher la cause de l'évaporation lente des gouttes d'eau mises sur les métaux chauffés.

Trente-quatrieme expérience. Je noircis sur la flamme d'une bougie l'intérieur d'une cuiller d'argent, et après y avoir introduit une goutte d'eau, je remarquai, ainsi que je m'y attendais, qu'elle prenait une forme sphérique, et qu'elle roulait dans la cuiller çà et là sans la mouiller.

J'essayai ensuite, en tenant la cuiller sur la flamme d'une bougie, d'amener à l'ébullition la goutte d'eau; je ne pus y parvenir : le manche de la cuiller devint si chaud, que, tout garni qu'il était de plusieurs épaisseurs de linge, il me brûlait les doigts, et que si on le touchait à nu, du doigt mouillé, on entendait un sifflement: malgré cette haute température, l'eau restait parfaitement tranquille dans la cuiller, sans s'évaporer.

Alors, après de vains efforts pour amener la goutte à l'ébullition, je la versai dans la paume de ma main : je la trouvai chaude, mais loin d'être brûlante.

En tenant long-temps, à l'aide d'une pince, la cuiller sur la flamme, je vis la goutte diminuer peu-à-peu *et changer de forme*; de sphérique et brillante qu'elle était, elle devint oblongue et terne, et en s'évaporant finalement, elle laissa une pellicule évidemment composée des molécules de matière noire qui s'étaient attachées par degrés à sa surface, et n'avaient pas peu contribué sans doute à la faire échauffer et s'évaporer.

Ce changement de forme, et sur-tout la perte graduelle du luisant de la goutte, me firent soupçonner qu'elle avait eu un mouvement de rotation pendant l'expérience. Je ne pus pourtant m'en assurer à l'inspection, d'où je conclus que ce mouvement devait avoir été, ou très-lent, ou très-rapide, s'il existait réellement.

Voici une autre petite expérience que j'ai souvent répétée pour l'amusement de mes amis, et qui n'est pas sans intérêt pour le physicien.

Trente-cinquieme expérience. Si l'on suspend, par simple adhésion, une grosse goutte d'eau au bout d'un petit morceau de bois (de sapin par exemple), de la grosseur d'une petite allumette, et qu'on introduise lestement cette goutte au centre de la flamme pure et brillante d'une chandelle récemment mouchée, on verra la goutte demeurer là long-temps au milieu de la flamme, sans bouillir ni paraître affectée de la chaleur : si on la retire, on ne la trouvera que peu chaude au tact.

Si on la tient dans la flamme pendant un certain temps, elle diminuera de volume par degré; mais il y a lieu de croire que la chaleur qu'elle acquiert ne lui est pas communiquée par la flamme qui l'entoure, mais par le bois auquel elle demeure suspendue; ce bois s'échauffe et finit par s'allumer, même avant que la goutte soit entièrement évaporée.

Je ne puis m'empêcher d'observer qu'il est très-difficile, ce me semble, d'accorder aucun des résultats dont nous venons de rendre compte, avec l'hypothese des chimistes modernes sur la *matérialité de la chaleur.*

Sachant combien il est difficile de dévoiler les mysteres de la nature, et de montrer à découvert les agents qu'elle emploie dans ses opérations se-

cretes,

cretes, et connaissant le danger auquel on s'expose quand on s'attache à une fausse théorie, et la folie de perdre son temps et celui des autres par de vaines spéculations, j'ai toujours cherché plutôt à montrer comment la science peut être rendue utile aux hommes, qu'à inventer des théories plausibles pour l'explication des phénomenes qui, souvent, tendent plus à nous égarer qu'à nous mener dans le chemin de la vérité.

Il y a pourtant des situations dans lesquelles ceux qui cultivent les sciences physiques se trouvent quelquefois, où l'on ne peut gueres se dispenser de former, ou d'adopter quelque théorie générale, pour lier des faits remarquables qui se présentent, et pour servir à diriger les recherches ultérieures.

C'est la situation où je me trouve dans ce moment; et je demande l'attention, et sur-tout *l'indulgence* de cette société, pendant que je cherche à développer les conjectures que j'ai formées concernant la nature de la chaleur, et la maniere dont elle est excitée et propagée.

Chaud et *froid*, tout comme *rapide* et *lent*, ne sont que des termes relatifs; et de même qu'il n'y a aucun rapport ou proportion entre le *mouvement* et le *repos*, ainsi il ne peut y en avoir aucun entre un degré de chaleur quelconque et le froid absolu, c'est-à-dire une privation totale de chaleur: il paraît donc évident que toutes les tentatives pour déterminer sur l'échelle d'un thermometre le terme du *froid absolu*, sont illusoires.

Il paraît probable que le *mouvement* est essentiel à la matiere, et qu'il n'existe pas de repos dans l'univers.

Nous savons bien que tous les corps qui tombent sous nos sens sont en mouvement, et un grand nombre d'apparences semblent indiquer que *les parties constituantes* de tous les corps sont aussi agitées de mouvements continuels entre elles, et que ce sont *ces mouvements*, susceptibles d'augmentation et de diminution, qui constituent la *chaleur*, ou la *température* des corps.

Les seuls effets (dont nous avons quelque idée déterminée), qu'un corps puisse produire sur un autre, sont un changement de vîtesse, — ou un changement de direction, — ou l'une et l'autre en même-temps.

Nous voyons, il est vrai, que certains corps ont la faculté d'affecter certains autres corps à *distance*; mais cela ne prouve pas que les effets produits soient essentiellement différents de ceux qui résultent de la collision; car, si un corps élastique est interposé entre ceux qui agissent l'un sur l'autre, il peut servir d'intermédiaire pour la communication de cette action; et lorsque l'action est terminée, et que les effets qui en résultent ont eu lieu, cet intermédiaire se retrouve précisément dans l'état où il était lorsque l'action a commencé.

Si une cloche, ou tel autre corps solide, *parfaitement élastique*, placé dans un fluide parfaitement élastique, et environné d'autres solides également élastiques, si cette cloche, dis-je, est frappée et mise en vibration, les vibrations se communiqueront par degrés, au moyen des ondulations ou pulsations qu'elles occasionneraient dans le milieu fluide élastique, jusques aux autres solides élastiques environnants.

Si ces corps solides se trouvaient être déjà en vibration, et avec la même vîtesse avec laquelle le coup a fait vibrer la cloche, les ondulations occasionnées dans le fluide élastique par la cloche, n'augmenteraient ni ne diminueraient la vîtesse ou *la fréquence* des vibrations des corps environnants; et en revanche les ondulations causées par les vibrations de ces corps ne tendraient pas à accélérer ou à retarder celles de la cloche; mais si les vibrations de celle-ci étaient plus fréquentes que celles des corps environnants, les ondulations qu'elle occasionnerait dans le fluide élastique tendraient à accélérer les vibrations de ces corps; et, d'autre part, les ondulations occasionnées par les vibrations *plus lentes* des corps environnants, retarderaient celles de la cloche; et celle-ci et les corps autour d'elle, continueraient à s'affecter réciproquement, jusqu'à ce que les vibrations des uns étant graduellement accélérees, et les vibrations de l'autre retardées, en conséquence de leurs actions réciproques, ils se trouveraient tous réduits au même *ton*.

Supposons maintenant que la chaleur ne soit autre chose que les mouvements des parties constituantes des corps, entre elles, (hypothese dont la date est très-ancienne, et qui m'a toujours semblé très-probable); si pour la cloche nous substituons un corps chaud, son refroidissement sera accompagné d'une série d'actions et de réactions exactement semblables à celles que je viens de décrire.

Les ondulations rapides occasionnées dans le fluide éthéré ambiant, par les rapides vibrations du corps chaud, agiront comme *rayons calorifiques* sur les corps solides environnants, plus froids; et les ondulations, plus lentes, occasionnées par les vibrations de ces corps plus froids, agiront comme *rayons frigorifiques* sur le corps chaud : ces actions réciproques continueront, mais avec une intensité décroissante, jusqu'à ce que le corps chaud et les corps plus froids qui l'environnent aient acquis, en conséquence de ces actions réciproques, une même température, ou, jusqu'à ce que leurs vibrations soient devenues isochrones.

Selon cette hypothese, *le froid* ne peut avec plus de raison être considéré comme étant *l'absence de la chaleur*, qu'un son grave ou bas ne peut être considéré comme l'absence d'un ton plus aigu, et l'admission de rayons qui produisent le froid, n'entraîne rien d'absurde, et ne met point de confusion dans les idées.

Au premier aperçu, il paraîtra peut-être difficile de concilier la solidité, la dureté et l'élasticité, avec ces mouvements continuels que nous avons supposé exister parmi les particules constituantes de tous les corps; mais en y réfléchissant avec patience, on verra que cette hypothese, loin de la rendre plus difficile de former des idées nettes et satisfaisantes, des causes d'où dépendent ces qualités dans les corps, elles facilitent au contraire ces recherches.

Jugeant de toutes les opérations de la nature, des causes desquelles nous sommes en état de nous former des idées claires et satisfaisantes, nous sommes certainement conduits à conclure que la force de la matiere morte (et peut-être aussi celle des êtres animés), c'est-à-dire sa faculté d'affecter, de mettre *en mouvement* une autre matiere, ou de *résister à son impulsion*, dépend de son mouvement.

Si donc, les corps solides ou fluides ont une faculté quelconque, ou d'impulsion ou de résistance, il me paraît plus raisonnable de l'attribuer aux forces vives qui résident en eux, — aux mouvements qui ne cessent jamais parmi leurs molécules constituantes, que d'en chercher la raison dans leur défaut de force ou leur indifférence parfaite au mouvement ou au repos.

On ne peut pas objecter à ce système d'un mouvement intestin perpétuel, qu'il n'y aurait pas *de place* pour le jeu des particules; car nous avons bien des raisons de présumer que, s'il existe en effet des particules indivisibles solides (ce qui est très-problématique), ces particules doivent être tellement petites, comparativement à l'espace qu'elles occupent, qu'il doit y avoir entre elles une place suffisante à toutes sortes de mouvements.

Et quelle que soit la nature, ou la vîtesse et les directions de ces mouvements, aussi long-temps que les particules qui composent un corps solide, ne se dépassent pas l'une de l'autre, et ne se détachent des systêmes auxquels elles appartiennent (et auxquels elles sont liées par la force de la gravitation universelle), pour échapper dans l'immense vide qui termine chaque systême (un événement qui est évidemment impossible aussi long-temps que les lois connues de la nature existent), ces mouvements parmi les particules d'un corps ne pourront rien changer, ni à la forme, ni à l'apparence du corps.

Mais si les mouvements des particules constituantes d'un solide, sont augmentés ou diminués en conséquence des actions ou rayonnements d'autres corps voisins ou éloignés, ce phénomene ne peut avoir lieu sans produire quelque changement visible dans le corps en question.

Si les mouvements parmi les particules du corps sont *diminués*, il paraît raisonnable de conclure que les élongations des particules deviendront moindres, et que, par conséquent, le solide entier éprouverait une diminution de volume.

Mais si le mouvement de ces particules était, au contraire, *augmenté*, nous pourrions conclure *a priori*, que le volume du corps serait dilaté.

Nous n'avons pas assez de données pour nous former des idées distinctes de la nature du changement qui a lieu lorsqu'un corps solide est fondu ; mais comme la fusion est l'effet de la chaleur, c'est-à-dire d'une augmentation (venant du dehors) de cette action qui produit l'expansion, si cet effet est occasionné par une augmentation dans les mouvements intestins de ce corps, il est évident que c'est une *augmentation* dans ces mouvements qui fait changer la forme du corps, et le convertit de solide en liquide.

Pendant aussi long-temps que les particules constituantes d'un solide, qui sont à sa surface, ne *se dépassent pas réciproquement* dans leurs mouvements, le corps doit nécessairement conserver sa forme, quelque rapides que puissent être ces vibrations; mais dès que ce mouvement s'accroît assez pour que ces particules ne puissent plus être retenues dans ces limites, la distribution réguliere qu'elles avaient acquise dans la cristallisation, est détruite peu-à-peu, — les molécules ainsi détachées de la masse solide, forment des systêmes nouveaux et indépendants, — et la masse devient *un liquide*.

Quelles que puissent être les figures des orbites que décrivent les particules d'un liquide, les distances moyennes respectives de ces particules demeurent à-peu-près les mêmes que lorsqu'elles constituaient un solide : on peut le conclure d'après le peu de changement qui a lieu dans la pesanteur spécifique d'un solide devenu liquide ; et en supposant que leurs mouvements soient soumis aux mêmes lois qui régissent le système solaire, il est évident que le mouvement additionnel qu'elles doivent recevoir pour prendre la forme fluide, ne peut pas être perdu, mais qu'il doit continuer à résider dans le liquide, et reparaître quand le liquide change de forme et redevient solide.

On sait qu'il faut une certaine quantité de *chaleur* pour fondre un solide, et que cette quantité disparaît ou demeure *latente* dans le liquide qui s'est formé, pour reparaître ensuite dans la congélation du liquide.

Mais avant que de me hasarder plus loin dans ces profondes spéculations, je tâcherai de rechercher quelques unes des conséquences qui résulteraient nécessairement des rayonnements des corps chauds et froids, en supposant que ces rayonnements existent, et qu'ils sont soumis à certaines lois.

Et d'abord, il est évident que l'intensité des rayons lancés par un point lumineux, dans un milieu parfaitement transparent, est partout comme les quarrés des distances, à ce point inversement.

Et si l'on suppose (ce que je crois bien établi) que l'intensité des rayons frigorifiques ou calorifiques que lancent les corps dans un milieu parfaitement transparent, suit la même loi, nous pouvons déterminer quels effets doivent résulter de la capacité plus ou moins grande ou de la petitesse d'un espace limité (d'une chambre, par exemple), dans lequel on expose un corps chaud pour qu'il se refroidisse.

Supposons, pour plus de simplicité, que cet espace limité soit une sphere creuse de glace, de neuf pieds de diametre, à la température de la glace fondante, et que le corps chaud soit une boule solide de métal, de deux pouces de diametre, à la température de l'eau bouillante, suspendue au centre de la sphere; et de plus, admettons que la sphere est vide d'air, et que le refroidissement du corps chaud est exclusivement opéré par les rayons frigorifiques de la glace.

Il s'agit de déterminer quelle marche suivrait le refroidissement, selon qu'on augmenterait le diametre de la sphere de glace : supposons le double; la surface intérieure de la glace sera quadruplée, et la quantité de rayons frigorifiques émis par cette surface ainsi augmentée, suivra le rapport de la surface, et sera à celle de la précédente surface, dans le rapport de 4 à 1.

Mais les intensités respectives de ces rayons au centre commun des deux spheres où le corps chaud est situé, étant inversement comme les quarrés des distances des points rayonnants, l'intensité du rayonnnement de la sphere intérieure sur le centre doit être à celle du rayonnement de la sphere extérieure, sur ce même centre, aussi comme 4 à 1.

Or, comme la durée du refroidissement du corps chaud dépendra de la *quantité* des rayons frigorifiques qui arrivent à sa surface, et de *l'intensité* de leur action, on voit qu'il y aura compensation, dans les deux cas, et qu'un corps chaud placé dans le centre d'une sphere creuse, à une température constante quelconque, au-dessous de celle du corps chaud, devra se refroidir dans le même temps, quelle que soit la grandeur de la sphere.

Si cette conclusion est vraie (et je n'ai aucune raison de la croire fausse), il s'en suivra qu'un corps chaud se refroidira dans le même temps, dans quelque partie du creux de la sphere qu'on le loge; et comme ce refroidissement n'est point influencé ni par l'étendue de l'espace, ni par la situation du corps dans cet espace limité, ilne doit l'être non plus, ni par la forme de cet espace creux, ni par la présence d'autres corps solides en nombre plus ou moins grand, en les supposant toujours à une température constante.

Mais si l'un de ces corps environnants, dont la température peut s'élever sensiblement pendant l'expérience, par l'effet des rayons calorifiques provenant du corps chaud, est placé *très-près* de ce corps, le refroidissement du corps chaud en sera retardé; les rayons qui viendront de ce corps voisin *ainsi chauffé*, étant moins frigorifiques que ceux qui viendraient d'autres corps à une distance plus grande, et qu'il intercepte.

Les résultats de toutes mes expériences sur le refroidissement des corps tendent uniformément à confirmer ces conclusions théoriques.

En admettant que le refroidissement d'un corps chaud est exclusivement l'effet des rayons qui procedent des corps plus froids, et que ces rayons sont, comme ceux de la lumiere, réfléchis, réfractés et concentrés selon certaines lois, par les surfaces polies des miroirs et des lentilles, on pourrait peut-être imaginer que le refroidissement d'un corps chaud serait accéléré ou retardé, si on donnait à ce corps une forme particuliere, ou si on plaçait auprès de lui, dans certaines positions, deux ou plusieurs miroirs de réflexion, bien polis.

Comme ces conjectures, si elles étaient fondées, pourraient conduire à des expériences qui pourraient démontrer la fausseté ou la vérité de l'hypothese en question, c'est-là un objet important de recherche : je demande encore l'indulgence de la société pour l'examiner avec l'attention qu'il me semble mériter.

Quand différents corps solides, chauffés à la même température, sont mis à refroidir dans l'air, ceux qui paraissent au tact être les plus chauds, ne sont pas ceux qui se refroidissent le plus vite, ou qui envoient dans l'air le plus de rayons calorifiques.

Comme les métaux polis réfléchissent une grande partie des rayons qui viennent des autres corps, et ne sont ni réchauffés, ni refroidis par les rayons qu'ils réfléchissent, leurs températures ne changent que lentement par l'action des corps environnants à une température différente de la leur.

Quand un corps métallique poli et chaud, est mis à refroidir dans l'air, environné d'autres corps à la même température que ce fluide, comme la plupart des rayons de ces corps environnants sont réfléchis à la surface polie du corps chaud, il est évident que deux sortes de rayons doivent venir de la surface de ce corps, savoir, les rayons calorifiques qu'il lance, et les autres rayons (qui, à l'égard des corps environnants, ne sont ni calorifiques, ni frigorifiques) qu'il réfléchit.

On pourrait croire au premier aspect que, comme les rayons qui proviennent du corps métallique chaud sont de deux especes, l'énergie des rayons calorifiques qui appartiennent en propre au corps chaud, pourrait être diminuée par ces autres rayons réfléchis, dont ils sont accompagnés, et avec lesquels on peut dire qu'ils sont mêlés; mais en examinant la chose de plus près, on verra que cela ne peut être; c'est-à-dire pendant aussi long-temps que tous les corps environnants demeurent à la même température. Si elle varie, ceux-là seulement seront affectés par les rayons réfléchis qui se trouveront d'une température différente de celle du corps d'où vient le rayon; mais encore, les effets produits par les rayons émis par le corps chaud, ou leur faculté d'affecter les températures des corps plus chauds ou plus froids qu'eux, demeurera la même.

La raison qui fait que leurs effets ne sont pas plus énergiques qu'on ne l'observe, n'est pas parce qu'ils sont mêlés d'autres rayons, qui sont réfléchis, mais parce qu'ils sont en petit nombre : la plus grande partie des rayons que le corps chaud lance réellement, étant réfléchis *sur lui-même* par la surface réfléchissante dont il est immédiatement entouré.

Les expériences les plus décisives ont prouvé que la véritable surface à laquelle se fait la réflexion de la lumiere, est *en dehors*, et à quelque distance de la surface solide réelle du corps, et il y a tant d'analogies frappantes entre les rayons de lumiere, et ces rayons invisibles que lancent tous les corps, à toutes les températures, que nous ne pouvons gueres douter de la ressemblance des lois qui reglent leurs mouvements.

Peut-être n'y a-t-il d'autre différence entre ces deux especes de rayonnements que celle qui existe entre ces vibrations dans l'air que l'oreille peut saisir, et celles qui ne font aucune impression sensible sur nos organes de l'ouie.

Si l'oreille était construite de maniere que nous pussions entendre tous les mouvements qui ont lieu dans l'air, nous serions sans doute étourdis du bruit; et si nos yeux étaient faits de maniere que nous vissions tous les rayons qui sont continuellement lancés, tant de jour que de nuit, par les corps qui nous environnent, nous serions éblouis et confondus par ces torrents d'une lumiere insupportable.

En admettant que ces rayonnements invisibles existent, nous tâcherons de suivre les effets qu'ils doivent produire; peut-être cette marche nous conduira-t-elle à découvrir les causes de quelques apparences qui n'ont point encore été bien expliquées.

Supposons qu'on place deux miroirs concaves de métal bien poli, de dix-huit pouces de diametre chacun, et de dix-huit pouces de foyer, vis-à-vis l'un de l'autre, à la distance de dix pieds, dans une grande chambre, où ni l'air, ni les parois de la chambre ne changeront point de température.

Si nous supposons que le plancher, le plafond, les parois, les croisées, sont garnis de glace, à la température de la congélation de l'eau, nous concevrons alors sans difficulté que la température de la chambre peut demeurer la même, malgré la présence des corps plus chauds qui y sont apportés pour faire l'expérience.

Supposons maintenant que l'un des miroirs est à la température de la congélation de l'eau, et l'autre à celle de l'eau bouillante, et voyons quels effets ils produiront l'un sur l'autre par leurs rayonnements.

Et d'abord, il est évident que le miroir chaud sera refroidi, non-seulement par les rayons frigorifiques qui viennent du métal froid dont le miroir opposé est formé, mais aussi par ceux des rayons frigorifiques qui, venant des parois de la chambre, frappent contre la surface polie réfléchissante du miroir froid, d'où ils sont portés sur celle du miroir chaud.

Mais comme la quantité de rayons que le miroir froid *réfléchit* est plus grande à mesure que la surface réfléchissante est plus parfaite, tandis que la quantité de rayons *émis* par ce miroir froid est moindre au contraire à mesure que sa surface réfléchissante est plus parfaite, il est extrêmement probable que la quantité *totale* de rayons frigorifiques (*émis* et *réfléchis*), qui venant du miroir froid, frappent sur le miroir chaud, sera le même, quelque soit le degré de poli, ou la faculté réfléchissante du miroir froid. Si cela est vrai, nous pouvons conclure que la présence de ce miroir n'aura aucun effet sur le miroir chaud, c'est-à-dire qu'il ne hâtera pas plus son refroidissement, que ne le ferait tout autre corps de même forme, de même volume, et situé à la même place.

On pourrait peut-être imaginer que *la forme* du miroir froid doit concentrer les rayons qu'il émet et qu'il réfléchit, et par l'effet de cette concentration, produire sur le miroir opposé un effet plus grand que si sa surface etait plate, ou de telle autre forme; mais en étudiant la chose de plus près, on verra qu'il n'y a point de pareille concentration; car, à l'égard des rayons *émis* par ce corps froid, comme ils viennent de chacun des points de sa surface, *dans toutes les directions*, il est parfaitement évident que ceux-là ne sont pas concentrés, et quant à ceux qui sont *réfléchis*, il est également certain qu'ils ne sont pas concentrés; car, pour qu'ils pussent l'être, il faudrait qu'ils arrivassent parallèles à la surface du miroir, et dans la direction de son axe, ce qui est impossible dans les circonstances données.

On voit par là que la présence du miroir froid ne contribuera pas du tout à accélérer ou à retarder le refroidissement du miroir chaud, pourvu du moins que sa température ne soit pas élevée par les rayons calorifiques venant du miroir chaud. Si cet effet avait lieu, il tendrait à retarder le refroidissement du miroir chaud; mais, même dans ce cas, le miroir ne le retarderait pas plus que ne le ferait tout autre corps métallique poli, de forme quelconque, mais dont la surface en regard avec le miroir chaud serait la même, et placée à même distance.

On peut montrer, par le même raisonnement, que la *forme du corps chaud*, celle d'un miroir concave, ne contribuera point à l'effet calorifique sur le miroir *froid*, et que lui-même, à raison de sa forme particuliere, n'en sera refroidi, ni plutôt ni plus tard.

Supposons maintenant que les deux miroirs sont précisément à la même température, qui sera aussi celle de la chambre (le terme de la congélation de l'eau), et qu'un boulet ou tout autre petit corps sphérique et chaud soit mis au foyer de l'un des miroirs, que nous appellerons A.

Comme les rayons émis par ce corps chaud sont lancés en ligne droite, dans toutes les directions, (comme ceux de la lumière, lancés par les corps lumineux), tous ceux qui tomberont sur le côté concave du miroir A seront réfléchis, comme on sait, en un faisceau de rayons à-peu-près parallelés à l'axe du miroir, et ils tomberont ainsi sur la surface concave du miroir opposé, B, d'où, réfléchis, ils seront concentrés à son foyer.

Si l'on y place un thermometre sensible, à la température de la chambre, il sera échauffé par l'action des rayons calorifiques ainsi réfléchis et accumulés au foyer du miroir B.

Si, au lieu de mettre le thermometre au foyer du second miroir, on l'écarte à une petite distance du foyer, de côté, l'instrument ne sera pas affecté sensiblement par les rayons qui viennent du corps chaud.

Cette expérience, qui est ancienne, a souvent été faite, et toujours avec le même résultat.

Supposons maintenant que le corps chaud est éloigné du foyer du miroir A, et qu'on lui substitue un corps plus froid, par exemple, à la température de la glace fondante, c'est-à-dire la même que celle de la chambre.

Comme le rayonnement réciproque de corps à la même température n'a aucune influence calorifique ou frigorifique sur ces corps, la concentration des rayons venant du corps froid, placé au foyer du miroir A, n'aura pas d'effet sur le thermometre placé au foyer du miroir B, à même température.

Si la chaleur est un mouvement de vibration dans les particules constituantes des corps, et si les rayons qu'envoient dans toutes les directions les corps échauffés, sont des ondulations dans un fluide élastique éthéré, dans lequel ils sont plongés, — ondulations produites par les vibrations de ces corps, — les pulsations de ce fluide doivent être isochrones avec celles qui les occasionnent, et elles ne peuvent ni accélérer ni retarder les vibrations des autres corps à la surface desquels elles arrivent, pourvu que les vibrations actuelles des molécules constituantes de ces corps soient isochrones avec celles des particules du corps d'où ces ondulations émanent; mais retournons à notre expérience,

Substituons au corps à la température de la glace fondante, un autre corps beaucoup plus froid, à la température où le mercure se gele, au foyer du miroir A, et mettons au foyer du miroir B un thermometre à la température de la congélation de l'eau : — quel serait le résultat?

Le thermometre descendrait; refroidi par la concentration des rayons frigorifiques venant du corps très-froid placé au foyer en A.

C'est là ce qui eut lieu dans la célebre expérience de mon ingénieux ami le professeur Pictet de Geneve.

On a fait plusieurs tentatives pour expliquer le résultat de cette expérience dans la supposition que le calorique a une existence matérielle, ou réelle, et que la chaleur rayonnante *est cette substance* émise et lancée en droite ligne dans toutes les directions, par les corps chauds; mais aucune de ces explications ne me paraît satisfaisante.

L'une des plus plausibles est celle qui suppose que le calorique est lancé continuellement par tous les corps, à toute température, sous la forme de chaleur rayonnante, mais en plus grande abondance par les corps chauds que par ceux qui le sont moins; en sorte qu'un corps, en même-temps qu'il envoie de tous côtés du calorique, en reçoit de retour des corps environnants. Quand, dans ces mutuels échanges, un corps donne plus qu'il ne reçoit, il perd; c'est-à-dire qu'il se refroidit; — il se réchauffe dans le cas contraire : quand il a égalité dans ces échanges, alors la température demeure uniforme.

Mais outre la difficulté qu'il y a à concevoir comment, ou par quelle opération mécanique un même corps peut d'une part recevoir et retenir, et de l'autre rejeter et chasser, en même-temps, une même substance (opération non-seulement incompréhensible, mais en apparence impossible, et qu'aucune analogie ne rend probable), on pourrait montrer par beaucoup d'autres raisons, que cette hypothèse d'un échange continuel de calorique, entre des corps voisins, est très-improbable : en voici une qui me parait tout-à-fait concluante; elle ne s'accorde point avec les résultats des expériences.

Comme le point en question me semble très-important dans la théorie de la chaleur, je tâcherai de l'examiner avec toute l'attention possible, et pour mettre cette hypothese (des échanges continuels de calorique) à l'épreuve, nous verrons si elle suffit pour expliquer les phénomenes observés dans quelques unes des expériences précédentes; et pour faciliter cet examen, j'emploierai les figures suivantes,

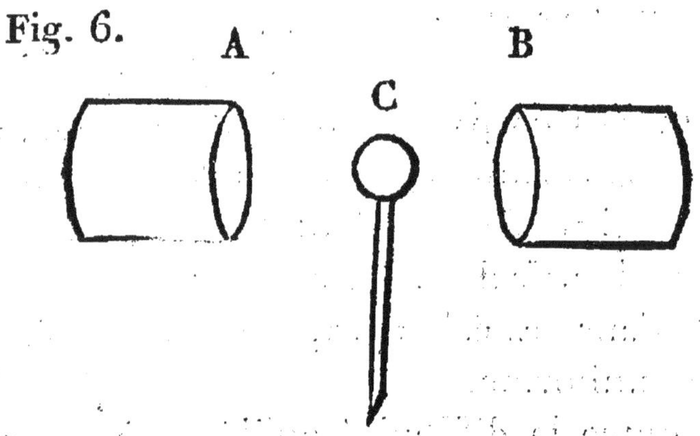

Fig. 6.

Les deux extrémités opposées des cylindres A, et B, représentent les deux disques ou surfaces métalliques verticales, appartenant aux vases cylindriques qui furent présentés, en même-temps, et à la même distance, à la boule C du thermoscope, dans l'expérience n° 23.

Dans cette expérience, le disque A étant à la température de zéro du thermometre de Réaumur (1) (celle de la congélation de l'eau), et le disque B à 40 degrés R, tandis que la boule C et tous les corps environnants étaient à 20 degrés R; on trouva que la température du thermoscope demeurait stationnaire sous l'action simultanée de ces deux corps, l'un chaud et l'autre froid.

(1) J'emploie ici le thermometre de Réaumur, pour exprimer les températures, à cause qu'il est mieux connu en France que le thermometre de Fahrenheit.

Pour expliquer ce résultat, dans l'hypothese en question, il faut supposer d'abord que la boule du thermoscope donne continuellement du calorique rayonnant dans toutes les directions, et en reçoit en retour des surfaces de tous les corps qui l'environnent.

Quant à ces corps, excepté les disques A et B, comme ils sont à la même température que la boule du thermoscope (20 degrés), ils lui donneront précisément autant de calorique rayonnant qu'ils en recevront d'elles, et ces échanges là ne devraient point troubler l'équilibre.

Mais le disque A étant plus froid que la boule, lui rendra moins de calorique qu'il n'en recevra d'elle; elle perdrait donc dans cet échange, et se refroidirait, sans la compensation qu'elle reçoit du disque B. Quant à ce dernier, on en pourrait conclure que, comme il est plus chaud que le thermoscope, il doit lui donner plus de calorique qu'il n'en reçoit, et que, sans la présence du disque A, l'instrument se trouverait échauffé.

Or, comme la température de la boule du thermoscope est la moyenne arithmétique entre celle du disque A = 0 degrés, et celle du disque B = 40 degrés, il est raisonnable de supposer que le thermoscope reçoit de B précisément autant de calorique de plus qu'il ne lui en donne, qu'il n'en donne au disque A, de plus qu'il n'en reçoit de lui; et si cela a lieu en fait, il est évident que, l'espece de commerce de calorique établi entre la boule et les deux disques ne peut ni augmenter, ni diminuer le fonds primitif qui appartenait à l'instrument, et qu'il doit, par conséquent, demeurer stationnaire.

Cette explication est plausible; mais voyons si elle s'accorde avec les résultats d'autres expériences; car il faut y regarder de fort près avant d'admettre une hypothese en physique, sur-tout si cette hypothese a été imaginée pour expliquer une expérience unique, ou pour éclaircir un fait nouveau.

Quand la surface du disque B fut noircie à la fumée, on trouva que l'intensité de son rayonnement, à la température donnée (40 degrés R), avait été fort augmentée; et quand, ainsi noircie, on la présenta de nouveau à la boule du thermoscope, à la même distance que dans l'expérience mentionnée tout-à-l'heure, et lorsqu'on mit en même-temps, et à même distance, vis-à-vis de lui le disque A, froid à zéro, le thermoscope, au lieu de demeurer stationnaire, se réchauffa peu-à-peu,

Fig. 7.

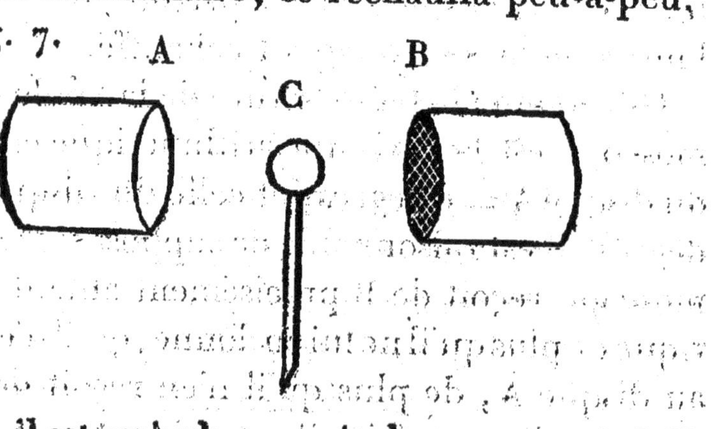

Rien, il est vrai, dans ce résultat, ne parait difficile à expliquer d'après les principes mis en avant;

car, si l'enduit noir augmente la quantité de calorique rayonnant émis par le disque B, la quantité reçue par la boule s'en accroît d'autant, et sa température doit s'élever; mais voici une expérience qu'on ne peut pas expliquer d'après ces principes.

Fig. 8.

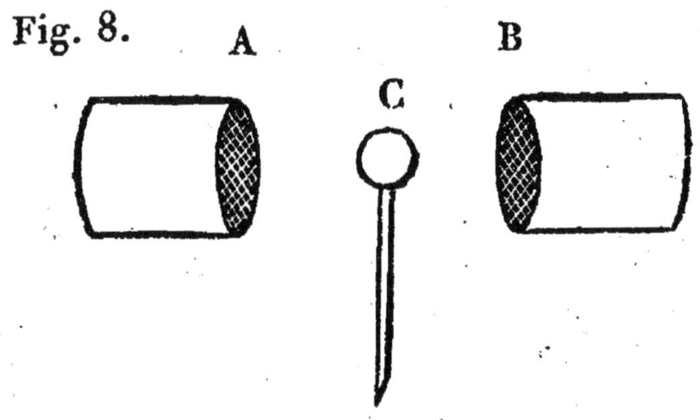

La surface du disque froid A ayant été noircie, tout comme celle du disque chaud B, on les présenta de nouveau, à distances égales, à la boule du thermoscope, et l'on trouva que l'index de l'instrument demeurait stationnaire.

Cette expérience, très-intéressante, prouve que la boule était précisément autant refroidie par l'influence frigorifique du disque froid noirci, qu'elle était réchauffée par l'influence calorifique du disque chaud noirci.

Or, comme on avait trouvé par expérience, que l'intensité du rayonnement du disque B était *augmentée* par l'enduit noir, il faut conclure que l'intensité du rayonnement du disque A était auss *augmentée* par le même procédé; mais si ces rayon nements sont *du calorique*, émis par ces corps (et c'est ce que suppose l'hypothese), comment arriva-t-il que la boule du thermoscope, au lieu d'être *plus réchauffée* par la quantité additionnelle de calorique qu'elle devait recevoir à raison de l'enduit noir du disque A, fut au contraire refroidie?

Les partisans de l'hypothese des échanges diront peut-être que l'enduit noir du disque A, a produit une émission de calorique plus considérable, de la boule du thermoscope.

Sans insister sur une explication du mode d'action de la cause qui est supposée produire cet effet (ce à quoi je serais certainement autorisé, car la supposition est tout-à-fait gratuite), je me contenterai d'observer que, comme la surface du disque opposé *avait aussi été noircie*, cette augmentation supposée, dans la quantité de calorique émis par la boule du thermoscope, *occasionnée par la présence d'un enduit noir sur les surfaces qui lui ont été présentées*, ne peut pas servir à expliquer le fait.

Les résultats des deux expériences dont je viens de parler, me paraissent être très-importants, et je ne vois pas comment on peut les accorder avec les opinions des chimistes modernes sur la nature de la chaleur.

Pour simplifier cette recherche difficile, nous avons jusqu'ici supposé que la *différence de température* dépend seulement de la *différence des temps* des vibrations des molécules constituantes des corps ; il est possible cependant, et même probable, qu'elles dépendent aussi des *vîtesses* de ces particules ; car il est aisé de voir que plus les mouvements de ces particules sont rapides, plus leurs élongations sont grandes dans leurs vibrations, et plus grand, par conséquent, doit devenir le volume du corps ainsi affecté.

On sait que les pulsations occasionnées dans un fluide élastique, par les vibrations d'un solide élastique, cheminent de ce corps dans toutes les directions, et que ces pulsations sont partout (c'est-à-dire à toute distance du corps) isochrones avec les vibrations du solide : on sait encore que la vîtesse moyenne d'une particule donnée de fluide, est d'autant moindre, que la distance du cette particule est plus grande du centre d'où l'ondulation émane.

Dans le cas des pulsations causées dans l'air par les vibrations d'un corps sonore, ces pulsations sont partout isochrones avec les vibrations de ce corps ; et le temps, c'est-à-dire, la *fréquence* de ces pulsations, détermine la *note* ; mais c'est de la *vîtesse* des particules d'air, ou de la largeur de l'onde sonore, que dépend la *force* du son ; et comme cette vîtesse diminue comme la distance du corps sonore augmente, le son s'affaiblit dans la même proportion.

Il y a plusieurs circonstances qui pourraient nous conduire à soupçonner que la *couleur* dépend de la *fréquence* de ces pulsations qu'on a supposé constituer la lumiere, et que la chaleur qu'elles produisent est en proportion de *leur force*. Si cette supposition était fondée, ce fait important pourrait peut-être nous mettre en état d'expliquer plusieurs phénomenes très-intéressants, et entre autres, la combustion des corps inflammables, et la chaleur intense produite par le frottement, et par la *concentration* des rayons calorifiques.

Plusieurs expériences bien connues ont appris que l'intensité de la chaleur produite par la concentration des rayons solaires, n'est pas simplement comme la *condensation* de ces rayons, mais dans une proportion plus grande, et qu'elle dépend beaucoup de leur *convergence* plus ou moins grande.

Ce fait est certainement très-remarquable : j'y ai souvent réfléchi, et il n'a pas peu contribué à l'opinion que j'ai été conduit à adopter sur la nature de la chaleur : je n'ai jamais pu l'accorder avec la supposition que la chaleur est occasionnée par l'accumulation de quelque chose *émanée* du soleil, ou de tel autre corps qui lance des rayonnements calorifiques.

Je réserve pour un autre Mémoire les détails de mes recherches ultérieures sur cet objet; je conclus celui-ci, déjà long, par quelques observations sur le perfectionnement de plusieurs usages pratiques qu'on peut retirer de la connaissance des faits que les expériences précédentes établissent.

Toutes les fois qu'il s'agit *de conserver la chaleur* d'une substance qui est renfermée dans un vase de métal, on y contribuera beaucoup par le poli brillant, ou plutôt par la grande propreté de la surface extérieure du vase ; mais si l'on veut *refroidir* promptement quelque chose dans un vase de métal, sa surface extérieure doit être enduite ou recouverte de quelques unes de ces substances qu'on a trouvé émettre des rayons calorifiques en abondance.

Des bouilloires à thé, polies en dehors, peuvent être entretenues à l'ébullition avec économie dans l'esprit de vin qui alimente la lampe, comparativement à celles qui sont vernies ; et plus les couvercles qu'on met sur les plats, pour tenir les mets chauds, sont propres et polis, et plus ils conviennent à l'usage auquel ils sont destinés.

Les casserolles et autres ustensiles métalliques de cuisine qui sont propres et polis en dehors, peuvent être tenus chauds avec moins de feu que les mêmes vases sales et noirs ; mais *le fond* d'une casserolle ou d'une chaudière devrait toujours être noirci, pour que son contenu pût être amené à l'ébullition promptement, et avec économie de combustible.

Quand on met les ustensiles de cuisine sur un feu de houille ou de bois, il n'est pas nécessaire d'en noircir le fond, car la fumée ne tarde pas à le faire ; mais quand on s'en sert sur un feu clair de charbon de bois, il est convenable de les noircir, et on peut le faire en peu de moments sur un feu de flamme, ou sur la flamme d'une lampe.

On a souvent proposé de construire en métal ces vases à grande surface et peu profonds, dans lesquels les brasseurs de bière mettent refroidir cette liqueur, dans la supposition que le refroidissement en serait accéléré ; mais on y serait trompé, la surface métallique ne favorise pas l'émission des rayons calorifiques.

La grande épaisseur du bois dont ces vases de refroidissement sont faits, est une circonstance très-favorable au prompt refoidissement de la liqueur; car, quand ils sont vides, cette masse de bois humide est fort refroidie, non-seulement par l'air froid qui passe au-dessus, mais aussi, et plus particulierement par l'évaporation; et quand on remplit le vase de bière chaude, une grande partie de la chaleur de ce liquide est absorbée par le bois refroidi.

Dans tous les cas où l'on emploie des tubes de métal remplis de vapeur, pour chauffer des appartements, il faudrait vernir, ou enduire l'extérieur de ces tubes de quelque substance qui facilitât l'émission des rayons calorifiques : une enveloppe de papier mince produirait cet effet, sur-tout si ce papier est noir, et collé sur le métal.

Les tubes destinés à *faire passer* la vapeur d'un endroit dans un autre, doivent être ou bien habillés de quelque enveloppe chaude, ou maintenus polis et brillants à l'extérieur : il vaudrait la peine, je le crois, dans bien des cas, de les dorer, ou du moins de les couvrir de papier doré, ou de feuilles d'étain, ou de quelque substance métallique qui ne se ternit pas facilement à l'air.

On pourrait couvrir les cylindres et les principaux tubes à vapeurs des machines à feu, d'abord d'une enveloppe chaude, et ensuite de laiton en feuilles minces, bien propre et brillant : on serait dédommagé, de cette dépense, par le gain qu'on ferait sur le combustible.

Si les murs de jardin noircis se réchauffent davantage aux rayons du soleil que les murs blancs, ils se refroidissent aussi plus vîte, pendant la nuit; et les jardiniers doivent savoir mieux que personne si ces changements rapides de température sont favorables ou non aux arbres à fruit.

On sait bien que les habits *noirs* sont chauds au soleil; mais ils sont fort éloignés de l'être à l'ombre, et sur-tout par un temps froid : aucun vêtement coloré n'est aussi froid que le noir, quand la température de l'air est au-dessous de celle de la surface de la peau, et quand le corps n'est pas exposé à l'action des rayons calorifiques venant d'autres corps.

On a montré combien le poli d'une surface contribuait à la chaleur qu'elle possédait comme vêtement; ainsi, dans le choix des vêtements d'hiver, il faudra éviter les teintes qui tendent le plus à détruire ce poli; et comme une surface blanche réfléchit plus de lumiere qu'une autre, à poli égal, il y a tout lieu de croire qu'en temps froid, les vêtements *blancs* sont plus chauds que les autres : on les regarde partout comme les plus frais qu'on puisse porter en été, sur-tout au soleil, et s'ils sont propres à réfléchir des rayons calorifiques, ils ne doivent pas l'être moins à renvoyer les rayons frigorifiques qui glacent en hiver.

J'ai trouvé, par des expériences directes et décisives, dont je rendrai compte à la Société dans la suite, que les vêtements de fourrures sont beaucoup plus chauds à porter lorsqu'on met la fourrure en dehors, que lorsqu'elle est tournée en dedans; n'est-ce pas là une preuve que nos habits nous réchauffent, non pas tant par la chaleur qu'ils conservent, que par le froid qu'ils repoussent?

La fourrure fine des animaux étant une substance éminemment polie, est très-propre à réfléchir les rayons qu'elle reçoit; si le corps est maintenu chaud par l'effet de cette réflexion de ses propres rayons en arriere sur lui-même, il y a lieu de croire qu'un vêtement de fourrure serait plus chaud avec le poil en dedans; mais si c'est en réfléchissant les rayons frigorifiques des corps froids environnants, que nos habits nous tiennent chaud en temps froid, nous devrions nous attendre à trouver une pelisse plus chaude lorsque le poil serait en dehors; comme je l'ai trouvé.

Cette discussion est importante, car jusqu'à ce que les principes d'où dépend la chaleur des habillements soient bien établis, nous ne pourrons prendre nos mesures avec certitude pour nous défendre contre l'inclémence des saisons, et pour nous procurer un certain bien-être dans tous les climats.

La fourrure de plusieurs animaux délicats devient blanche en hiver, dans tous les pays froids ; et celle des ours qui habitent les régions polaires, est blanche en toute saison : ces derniers animaux sont alternativement exposés à l'air, au froid le plus intense, et à l'action continuelle des rayons solaires pendant plusieurs mois ; s'il était vrai que la chaleur et le froid sont excités par les procédés indiqués, et que *le blanc* est la couleur la plus favorable à la réflexion des rayons calorifiques et frigorifiques, le scepticien le plus déterminé ne pourra s'empêcher de reconnaître que ces animaux ont été *bien fortunés* en obtenant un vêtement si bien adapté à leurs circonstances locales.

Le froid excessif qui regne en toute saison, sur les hautes montagnes, et dans les régions élevées de l'air, et les blanches gelées qui ont lieu si souvent dans les plaines, par un temps clair, en automne et au printemps, paraissent indiquer qu'il arrive continuellement de tous les points du ciel des rayons frigorifiques à la surface de la terre.

N'est-ce point par l'action de ces rayons que notre globe conserve sa température moyenne, malgré les quantités immenses de chaleur qui sont produites à sa surface par l'action continuelle des rayons solaires ?

Si cette conjecture est fondée, nous devons croire que les habitants de certains pays chauds, qui dorment la nuit à l'air, sur leurs toîts en terrasses, font là un choix fort sage pour passer à découvert, à la fraîcheur du ciel, les heures de leur repos.

MÉMOIRE

SUR

LA CHALEUR,

LU A LA SÉANCE PUBLIQUE DE L'INSTITUT NATIONAL, LE 6 MESSIDOR AN XII. (25 Juin 1804).

Le don le plus distingué que l'homme ait reçu de l'auteur de son existence, c'est le pouvoir qu'il possede de s'émanciper des préjugés qui naissent des rapports trompeurs des sens, et de pénétrer les mysteres de la nature.

Les animaux voyent, sans doute, comme nous, que le soleil, la lune et les étoiles se levent et se couchent : l'homme de la nature, devenu observateur, découvre des irrégularités dans ces mouvements; mais c'est l'homme de génie qui ne se laisse point tromper par les apparences, qui, de ce désordre, fait sortir le vaste et étonnant système de la mécanique de l'univers.

Le premier pas dans la science est d'observer avec attention et avec suite; le second est d'apprendre à douter. Le sublime de la science est de l'employer pour étendre le pouvoir et augmenter les jouissances innocentes du genre humain.

Il n'y a aucune branche des sciences physiques qui soit si intimement liée avec toutes les occupations journalieres des hommes que celle de la *chaleur;* et, par conséquent, il n'y en a point qui l'intéresse de si près.

Le *feu* est l'agent le plus universel et le plus actif que nous connaissions; et c'est au pouvoir que l'homme a su se donner sur cet être étonnant, qu'il doit la force surnaturelle qui l'a rendu supérieur à tous les animaux, et maître de la terre et de la mer.

Il n'est nullement surprenant qu'un être si puissant, et en même-temps si docile, si bienfaisant et si terrible, soit devenu l'objet de l'admiration, et même de l'adoration des peuples; mais il est plus que surprenant qu'un objet de recherche si intéressant, ait été si long-temps négligé.

Cette indifférence pour un objet si curieux et si intéressant, ne peut être attribuée qu'à cette inattention avec laquelle les hommes voyent toujours les choses qu'ils sont accoutumés d'avoir journellement devant les yeux.

Une preuve que nos connaissances sur la chaleur sont encore extrêmement bornées et imparfaites, c'est la diversité des opinions qui existe entre les savants, sur la nature de la chaleur, et sa maniere d'agir. Les uns la regardent comme une *substance*, les autres comme un *mouvement vibratoire* des particules de matiere dont les corps sont composés.

Ceux qui ont adopté l'hypothese d'une substance particuliere calorifique, que l'on a nommée *calorique*, supposent que l'échauffement d'un corps est toujours le résultat d'une *accumulation* de cette substance dans le corps; mais ceux qui considerent la chaleur comme un mouvement vibratoire, qui est supposé exister toujours, avec plus ou moins de vîtesse, parmi les particules de tous les corps, regardent l'échauffement comme l'*accélération* de ce mouvement.

Dans l'hypothese du mouvement vibratoire, un corps qui se trouve refroidi, est censé n'avoir rien perdu, que du mouvement : dans l'autre hypothese, il est supposé avoir subi une perte de quelque chose de matériel, c'est-à-dire *du calorique*.

Les illustres savants français, qui proposerent, il y a vingt-cinq ans, l'hypothese moderne du calorique, loin de considérer l'existence de cet être comme démontrée, en parlent avec cette modeste réserve qui distingue toujours les hommes supérieurs. Ils proposent le mot, plutôt pour éviter les périphrases et raccourcir le langage de la science, que pour introduire une nouvelle opinion.

Un de ces savants, que les sciences et l'humanité pleurent encore, s'exprime ainsi dans son admirable *Traité élémentaire de chimie :*

« Dans ce travail que nous avons fait en commun,
« M. de Morveau, M. Bertholet, M. de Fourcroy
« et moi, sur la réforme du langage chimique, nous

« avons cru devoir bannir ces périphrases qui allon-
« gent le discours, qui le rendent plus traînant,
« moins précis, moins clair, et qui, souvent même,
« ne comportent pas des idées suffisamment justes;
« nous avons, en conséquence, désigné la cause de
« la chaleur, le fluide éminemment élastique qui la
« produit, par le nom *calorique*. Indépendamment
« de ce que cette expression remplit notre objet
« dans le systême que nous avons adopté, elle a
« encore un autre avantage, c'est de pouvoir s'adap
« ter à toutes sortes d'opinions; puisque, rigou-
« reusement parlant, nous ne sommes pas même
« obligés de supposer que le calorique soit une
« matiere réelle. »

Si le point en question, de l'existence ou non-existence du calorique, était moins important, on pourrait se contenter de le laisser indécis; mais l'emploi de la chaleur est si universel, et l'art de l'exciter et de la diriger est si intimement lié avec le perfectionnement de tous les arts mécaniques, et avec un grand nombre d'usages domestiques, que l'on ne peut pas se donner trop de peine pour la connaître.

Sans entrer dans les détails des différentes expériences qui ont été faites pour déterminer la nature de la chaleur, je m'attacherai dans ce mémoire à quelques-uns des principaux résultats de ces recherches.

Un phénomene très-remarquable, et qui a dû être observé aussitôt que les hommes ont eu connaissance du feu, c'est *le rayonnement* des corps solides, aussitôt qu'ils deviennent très-chauds.

Quand un corps solide, une barre de fer, par exemple, se trouve à-peu-près à la température de l'air de l'atmosphere, nous ne voyons ni n'apercevons rien qui indique que sa surface soit rayonnante; mais si nous l'échauffons fortement dans le feu vif d'une forge, ce corps change de couleur, — devient premierement rouge, — et ensuite blanc, — est visible dans l'obscurité, — éclaire les corps environnants, — et échauffe sensiblement tous les corps qui sont frappés par les rayons qu'il envoie dans toutes les directions.

Si on le laisse refroidir lentement dans l'air tranquille d'une chambre obscure, on le voit de nouveau changer de couleur; — de blanc, il devient rouge, ensuite d'un rouge plus obscur, — la clarté qu'il répand diminue peu-à-peu, — l'intensité de ses rayons calorifiques s'affaiblit aussi en même-temps, et bientôt il cesse de répandre de la clarté à l'entour de lui.

Mais il continue pourtant d'envoyer de sa surface des rayons calorifiques pendant quelque temps, après qu'il a cessé d'être lumineux, comme il est facile de s'en convaincre en lui présentant la main ouverte.

Les rayons calorifiques que les corps très-chauds envoyent de leurs surfaces, passent à travers l'air transparent sans l'échauffer, et ils n'échauffent pas sensiblement les corps aux surfaces desquels ils sont réfléchis.

Ces faits, très-importants, et que l'on ne doit point oublier, ont été constatés par les résultats d'un grand nombre d'expériences.

Voilà un pas de fait dans l'examen de la chaleur. Nous voyons que les corps très-chauds envoyent de leurs surfaces des rayons, qui, passant (comme la lumiere) à travers l'air, vont au loin exciter de la chaleur aux surfaces des corps environnants où ils frappent *sans être réfléchis*.

L'existence des rayons calorifiques dont il est question ici, étant bien prouvée, et leur maniere d'agir étant évidemment telle que je viens de la décrire, il s'agit de savoir si la connaissance de ces faits ne suffit point pour former une théorie de la chaleur qui expliquera tous ces phénomenes.

Une théorie qui aurait l'avantage d'expliquer la communication de la chaleur d'une maniere *unique*, simple, et facile à comprendre, serait préférable, à ce qu'il me semble, à une autre, qui, pour expliquer les phénomenes, serait obligé d'admettre *deux* manieres différentes de communication de chaleur.

Pour pouvoir se former une idée nette et claire des rayonnements dont il est question ici, et des effets qu'ils sont propres à produire, il faut remonter à leur cause mécanique, et les considérer et dans leur maniere d'être, et dans leur maniere d'agir.

Il y a deux manieres de concevoir le rayonnement d'un corps : la premiere en regardant les rayons comme des émanations réelles d'une substance lancée de la surface du corps; la seconde, en les regardant comme des *ondulations*, qui, partant de chaque point de la surface du corps rayonnant, sont propagées dans toutes les directions, en lignes droites, dans un fluide élastique environnant.

Le système de Newton *suppose* que les rayons de lumiere sont des émanations réelles.

Le son, que nous connaissons mieux que la lumiere, nous offre un exemple d'un rayonnement ou ondulation dans un fluide élastique, qui, très-certainement, n'est point une émanation.

Nous avons des idées claires et satisfaisantes des opérations mécaniques, par le moyen desquelles les ondulations dans l'air, qui constituent *le son*, sont excitées et propagées; mais nous n'avons aucune idée d'aucune opération mécanique possible par le moyen de laquelle *une substance* pourrait être lancée continuellement, et *dans toutes les directions* de la surface d'un corps.

Pour qu'une hypothese en physique soit admissible, il faut qu'elle soit fondée sur la supposition d'une opération mécanique *concevable.*

Pour que la théorie de la chaleur, qui est fondée sur l'hypothese des vibrations, soit admissible, il est nécessaire de faire voir que les vibrations dont il est question peuvent exister, et qu'il est possible qu'elles causent les rayons ou ondulations que les corps envoient de leurs surfaces, et par le moyen desquelles nous supposons que les corps à différentes températures s'affectent mutuellement à distance, opérant des changements réciproques et simultanées dans leurs températures, et les amenant peu-à-peu à une température moyenne intermédiaire.

Si les particules qui composent les corps ne se touchent point (opinion qui est généralement reçue, et qui paraît extrêmement probable), comme il n'y a aucun doute que ces particules sont sollicitées continuellement l'une vers l'autre par la force connue de la gravitation universelle, on ne peut pas concevoir comment, dans un assemblage de particules qui forment un corps solide sensible, ces particules peuvent conserver leurs situations relatives, sans être en mouvement.

De ce raisonnement, on pourrait conclure que les particules qui composent les corps sont nécessairement en mouvement; et si nous admettons l'existence d'un fluide éminemment élastique, un éther qui remplit tout l'espace dans l'univers, à l'exception de celui qu'occupent les particules éparses des corps pondérables, il est facile de concevoir que les mouvements des particules qui composent les corps sensibles doivent causer des ondulations dans ce fluide; et réciproquement, que les ondulations de ce fluide doivent affecter sensiblement et modifier les mouvements des particules de ces corps.

L'on pourra peut-être penser que ces mouvements parmi les particules des corps, seraient incompatibles avec la conservation des formes des corps solides; mais en réfléchissant attentivement sur ce sujet, l'on trouvera que les mouvements ici supposés peuvent fort bien exister, sans rien ôter de la stabilité des formes extérieures des corps.

Il suivrait nécessairement de l'état des choses que l'hypothese en question suppose; 1° que la somme des forces vives dans l'univers doit rester toujours la même, nonobstant toutes les actions et réactions des corps; et 2° que les molécules de tous les corps pondérables doivent nécessairement être rayonnants.

Mais en admettant toujours l'existence de l'éther, il y a encore une autre maniere d'expliquer le rayonnement des corps; c'est de supposer que les particules des corps sont tenues éloignées les unes des autres, non en conséquence de l'action de la force centrifuge de ces particules, mais par des atmospheres composées d'éther, ou d'un autre fluide, à nous inconnu, très-élastique, et que c'est par le moyen des vibrations très-rapides qui ont lieu dans ces atmospheres, que sont excitées les ondulations dans l'éther environnant, par le moyen desquelles les températures des corps sont changées.

L'adoption de cette derniere hypothese rapprochera le systême des vibrations de celui d'une substance calorifique; mais encore ne faudra-t-il point considérer l'échauffement d'un corps comme le résultat de l'*accumulation* de cette substance, mais comme l'*accélération* de son mouvement.

Pour établir solidement la théorie de la chaleur qui est fondée sur l'hypothese des vibrations, il est nécessaire non-seulement de faire voir que les vibrations dont il s'agit sont possibles, mais aussi de prouver que les ondulations qu'elles doivent causer existent réellement.

Dans l'état ordinaire des choses, les corps qui nous entourent de près ne donnent aucun signe visible de rayonnement, et ne produisent aucun effet capable d'affecter directement aucun de nos sens, de maniere à nous faire soupçonner que leurs surfaces soient rayonnantes. Mais le physicien qui veut pénétrer les mysteres de la nature, doit être continuellement sur ses gardes pour ne pas être trompé, ni par les rapports, ni par le silence de ses sens.

Il est d'abord évident que nos organes ont été formés pour l'usage journalier de la vie, et que trop de sensibilité aurait rendu les jouissances qu'ils nous procurent de véritables supplices.

Si nos oreilles avaient été construites de maniere à être sensiblement affectées par toutes les vibrations qui ont lieu dans l'air, nous serions étourdis sans doute par un bruit insupportable, même dans la plus profonde retraite; et si nos yeux voyaient tous les rayons qui les frappent, l'on serait ébloui par une clarté insupportable au milieu de la nuit la plus obscure.

Il est connu que si les vibrations d'un corps sonore sont moins fréquentes que trente dans une seconde, ou plus fréquentes que trois mille dans une seconde, les ondulations dans l'air, qui sont causées par ces vibrations, n'affectent point sensiblement les organes de l'ouie; et il est probable que la sensibilité des organes de la vue est encore plus bornée.

Quand on a trouvé de fortes raisons pour soupçonner l'existence des êtres qui échappent à nos sens, c'est pour lors qu'on doit employer toute son adresse pour inventer les moyens de les forcer à se montrer à découvert, et de dévoiler le mystere de leurs opérations invisibles.

Avec l'aide d'un instrument que j'ai appelé *thermoscope*, qui possede un degré extraordinaire de sensibilité, j'ai trouvé, non-seulement que tous les corps, à toutes les températures, sont rayonnants, mais aussi que les rayons des corps froids sont aussi efficaces pour refroidir les corps chauds, que les rayons de ces derniers sont efficaces pour échauffer les corps froids.

La partie principale de l'instrument que j'ai employé dans ces recherches délicates, est composée d'un long tube de verre, recourbé à ses deux extrémités, et portant à chacun de ses bouts une boule très-mince de verre, d'un pouce et demi de diametre. Le milieu de ce tube, qui est droit, est posé horisontalement, pendant que ses deux extrémités, terminées par les deux boules, sont tournées en haut, de maniere à former deux coudes à angles droits, avec la partie horisontale du tube. La partie horisontale du tube a de quinze à seize pouces de longueur, et cha une de ses deux extrémités, qui se trouve dans une position verticale, a six à sept pouces de long. Le diametre intérieur du tube doit être d'environ une demi-ligne.

Par le moyen d'un petit *réservoir* de verre, d'un pouce de long, et d'une ligne de diametre intérieurement, soudé au tube, à un de ses coudes, une petite quantité d'esprit de vin coloré est introduite dans l'intérieur de l'instrument (justement assez pour remplir le réservoir, sans interrompre le libre passage de l'air d'une des boules à l'autre); et, quand cela est fait, l'extrémité du réservoir est scellée hermétiquement, et toute communication est interrompue à jamais entre l'air enfermé dans l'instrument, et l'air extérieur de l'atmosphere.

L'instrument est mis en ordre, et préparé pour servir aux expériences, de la maniere suivante :

Ayant échauffé un peu avec la main la boule qui est la plus éloignée du réservoir, on renverse l'instrument soudainement, tenant le réservoir en haut, et par ce moyen l'on fait passer une petite quantité d'esprit de vin du réservoir dans la partie horisontale du tube; et rétablissant aussitôt l'instrument dans sa position naturelle, on s'éloigne de l'instrument, et on attend que cette petite quantité d'esprit de vin qui a passé dans la partie horisontale du tube, soit devenue stationnaire; ce qui arrivera aussitôt que l'air dans les deux boules aura acquis la même température.

La petite bulle d'esprit de vin, qui sert d'index

à l'instrument, (et qui peut avoir à-peu-près trois quarts de pouce de long), doit se trouver stationnaire dans les environs du milieu de la partie horisontale du tube; si elle se trouve trop près ou de l'un ou de l'autre des coudes, il faut la faire rentrer dans le réservoir, et recommencer l'opération de nouveau.

Quand cette opération délicate est finie, l'instrument est en état d'être employé; on s'en sert de la maniere suivante :

L'une des deux boules étant masquée par des écrans légers, couverts de papier doré, et mise par ce moyen à l'abri des influences (calorifiques ou frigorifiques) des corps chauds ou froids qui sont présentés à l'autre boule; l'air contenu dans cette derniere étant ou échauffé ou refroidi par un corps ou plus chaud ou plus froid que le thermoscope, qui lui est ainsi présenté; l'élasticité de cet air est changée par ce changement de température, et la petite colonne ou bulle d'esprit de vin qui se trouve dans la partie horisontale du tube, est mise en mouvement, et forcée de prendre une nouvelle station.

La direction du mouvement de cette bulle indique la nature du changement qui a eu lieu dans la température de l'air enfermé dans la boule, à laquelle le corps est présenté, et la distance parcourue par la bulle est la mesure de l'augmentation ou de la diminution de l'élasticité, et par conséquent de la température de cet air.

Si la bulle s'*éloigne* de la boule à laquelle le corps mis en expérience est présenté; il est évident que l'air enfermé dans la boule a été *échauffé* par l'influence de ce corps; mais quand la bulle d'esprit de vin marche *vers cette boule*, c'est une preuve que l'air dans cette boule se trouve *refroidi.*

La *vitesse* du mouvement de la bulle est proportionnée à l'*intensité* de l'action du corps qui est présenté à l'instrument.

Pour comparer les intensités des actions (calorifiques ou frigorifiques) de deux corps différents, on les présente, au même moment, aux deux boules de l'instrument, et on regle leurs distances à leur boule respective, de maniere que la bulle d'esprit de vin reste immobile à sa place.

Dans ce cas, il est évident que l'action de chacun des deux corps sur la boule à laquelle il est présenté, est précisément égale de part et d'autre; et pour lors on calcule l'intensité relative du rayonnement de chacun de ces deux corps, par la quantité de sa surface présentée à sa boule, et par le quarré de sa distance, à cette boule.

Quand on veut comparer l'intensité de l'action calorifique d'un corps chaud avec l'intensité de l'action frigorifique d'un corps froid, on commence par masquer une des boules de l'instrument, par le moyen des écrans, et ensuite l'on présente à l'autre boule les deux corps en question, et on regle leurs distances de maniere que leurs actions simultanées sur cette boule soient précisément égales, ou que l'un l'échauffe autant que l'autre la refroidit.

Cette égalité d'action est annoncée par le repos de la bulle d'esprit de vin, qui sert d'index à l'instrument; et quand cette égalité d'action est établie, on calcule les intensités des rayonnements des corps en question par les quantités respectives de surfaces qu'ils présentent à la boule, et par les quarrés de leurs distances à cette boule.

La sensibilité de cet instrument est si grande que lorsqu'il se trouve à la température de 10° à 12° du thermometre de Réaumur, la chaleur rayonnante de la main, quand elle est présentée à une de ses boules, à la distance de trois pieds, suffit pour faire avancer la bulle d'esprit de vin de plusieurs lignes; et les influences frigorifiques d'un disque métallique, noirci, de quatre pouces de diametre, à la température de la glace fondante, présenté à la distance de dix-huit pouces, fait marcher la bulle, dans un sens contraire, avec une vîtesse très-visible à l'œil.

A l'aide de cet instrument, j'ai découvert, 1° que tous les corps, à toutes les températures (les corps froids aussi bien que les corps chauds), envoient continuellement de leurs surfaces des rayons, ou plutôt, à ce que je crois, des *ondulations*, analogues aux ondulations dans l'air que les corps sonores envoient dans toutes les directions ; et que ces rayons ou ondulations affectent et changent peu-à-peu les températures de tous les corps contre lesquels ils frappent, sans être réfléchis, dans tous les cas où les corps ainsi frappés se trouvent être ou plus chauds, ou moins chauds que le corps de la surface duquel les rayons ou ondulations émanent;

2° Que l'intensité des rayonnements de différents corps, *à la même température*, est très-différente; et qu'elle est moindre dans les corps qui réfléchissent les rayons de lumiere que dans ceux qui les absorbent; — moindre dans les métaux que dans leurs oxides; — moindre dans les corps opaques et polis, que dans les corps imparfaitement diaphanes et non polis. La surface du cuivre jaune, par exemple, envoie *quatre* fois plus de rayons à une température quelconque donnée, lorsqu'elle est couverte d'une couche d'oxide, et *cinq* fois plus lorsqu'elle est noircie (sur la flamme d'une bougie), que lorsque la surface du métal est nette et bien polie.

3° Que les rayons que les corps qui se trouvent à la même température envoient l'un à l'autre, n'ont aucune tendance à opérer des changements quelconques dans les températures d'aucun de ces corps;

4° Que les rayons qu'un corps quelconque, à une température donnée, envoie continuellement de sa surface, dans toutes les directions, sont, ou calorifiques, ou frigorifiques, pour les autres corps contre lesquels ils frappent, selon que ces derniers se trouvent, ou moins chauds, ou plus chauds,

que

que le corps de la surface duquel ces rayons émanent : de façon que les mêmes rayons se trouvent calorifiques pour tous les corps moins chauds que le corps d'où ils émanent, et frigorifiques pour tous ceux qui se trouvent plus chauds que ce corps.

D'après ces faits, on pourra conclure *à priori*, que les corps qui, étant chauds, envoient beaucoup de rayons calorifiques, doivent aussi, lorsqu'ils se trouvent plus froids que les corps qui les environnent, leur envoyer beaucoup de rayons frigorifiques. Or, c'est là précisément ce que mes expériences m'ont fait voir.

Dans des expériences faites avec des corps égaux, de la même espèce, et à des intervalles égaux de température, les influences frigorifiques des corps froids ont constamment paru aussi réelles, et tout aussi efficaces que les influences calorifiques des corps chauds.

A une des boules d'un thermoscope qui se trouvait à la température de 20° du thermometre de Réaumur, on présenta, en même-temps, et à des distances égales, deux disques métalliques, d'égal diametre, l'un étant à la température de 0° (celle de la glace fondante), et l'autre à celle de 40°. L'index de l'instrument restant en repos, montra que la boule était autant refroidie par les rayons du corps froid, qu'elle était échauffée par les rayons du corps chaud.

Quand on noircit la surface d'un de ces disques, n'importe lequel, l'intensité du rayonnement de ce disque (noirci) se trouve tellement augmentée, que l'autre n'est plus en état de lui tenir tête; mais en noircissant l'autre aussi, l'égalité d'action se trouve aussitôt rétablie.

Si les émanations des corps (chauds et froids) sont des ondulations dans un fluide extrêmement rare et élastique, que l'on a désigné sous le nom d'*éther*, la communication de la chaleur et du froid doit être analogue à la communication du son; et tous les moyens mécaniques que l'on a inventés pour augmenter l'intensité du son, doivent également être applicables à l'augmentation des effets produits par les émanations des corps chauds et froids; et j'ai trouvé en effet qu'un porte-voix (un tube conique de cuivre jaune, bien poli en dedans), interposé entre une des boules du thermoscope, et une boule mince de cuivre, de trois pouces de diametre, remplie de glace pilée, qui lui fut présenté, à la distance de douze pouces, a plus que triplé l'effet de ce corps froid sur l'instrument.

Pour me servir d'une métaphore un peu forte, mais qui exprime parfaitement l'idée que j'ai conçue de l'opération mécanique dont il est question, je dirai que la boule froide *parlait* devant la grande ouverture du porte-voix, pendant que la boule du thermoscope *écoutait* derriere sa petite ouverture.

S'il est vrai que les particules qui composent les corps sensibles, sont agitées continuellement par des mouvements vibratoires très-rapides, et qu'en conséquence de ces mouvements, les corps, à toutes les températures, envoient continuellement de chaque point de leurs surfaces des rayons, ou ondulations, analogues aux ondulations dans l'air, qui sont causées par les vibrations des corps sonores ; et si les corps, à différentes températures, agissent l'un sur l'autre, à distance, par le moyen de ces rayons ou ondulations, opérant simultanément des changements réciproques dans leurs températures, et les ramenant peu-à-peu à une température commune, moyenne intermédiaire ; l'on doit regarder le refroidissement d'un corps chaud comme le résultat de l'action réelle et positive des corps moins chauds qui l'environnent : et comme les rayons des corps chauds, et, par conséquent, des corps froids, sont réfléchis, en grande partie, par les surfaces polies des corps opaques ; et comme les rayons qui sont réfléchis, produisent peu ou point d'effet sur un corps à la surface duquel ils sont réfléchis ; l'on pourra conclure, *à priori*, que les corps opaques, polis, doivent se refroidir et s'échauffer plus lentement que les corps imparfaitement diaphanes et non polis.

Voici les résultats d'une suite d'expériences qui furent faites dans la vue d'éclaircir ce point, si important dans la science de la chaleur..

Ayant fait faire deux vases cylindriques (de quatre pouces de diametre, et de quatre pouces de haut) de minces feuilles de cuivre jaune, bien polies en dehors, je noircis l'un sur la flamme d'une bougie, et remplissant les deux vases d'eau bouillante, je les exposai en même-temps, en hiver, dans l'air tranquille d'une grande chambre pour se refroidir.

Le vase qui était noirci se refroidissait presque deux fois plus vîte que celui qui avait sa surface métallique nette et propre.

Les deux vases ayant enfin acquis la même température, c'est-à-dire, celle de l'air froid dans lequel ils étaient exposés, furent transportés dans une chambre échauffée par un poële, et je trouvai que le vase noirci fut échauffé à-peu-près deux fois plus rapidement que l'autre.

Le vase noirci ayant été nettoyé, fut couvert avec une simple enveloppe de toile fine, bien juste au corps du vase. En répétant les expériences avec les deux vases, celui qui était exposé nu, à l'air froid, employait 45 minutes à parcourir un certain intervalle de refroidissement, de 10 degrés de l'échelle de Fahrenheit; c'est-à-dire, du cinquantieme au quarantieme degré au-dessus de la température de l'air de la chambre; pendant que l'autre vase, qui était couvert *avec un habit* de toile fine, n'employait que 29 minutes à parcourir ce même intervalle.

Les deux vases ayant acquis la même température, furent transportés dans une chambre chaude, et il se trouva que le vase couvert de toile fut échauffé plus rapidement que l'autre, qui avait sa surface nue.

Si les résultats de ces expériences ne fournissent pas une preuve démonstrative des rayonnements des corps, et que c'est par le moyen des rayonnements des corps environnants que la température d'un corps est changée, ils donnent très-certainement à cette conjecture un grand degré de probabilité.

Plusieurs autres expériences semblables furent faites dans la vue d'éclaircir ce point, et toujours avec des résultats qui tendaient à confirmer l'hypothese en question.

De tous les corps connus, ce sont les métaux qui sont les plus *opaques*, et il paraît qu'ils le sont tous également; il paraît aussi que la surface d'un métal nu, ou qui n'est couverte d'aucune saleté, est toujours polie, nonobstant les irrégularités de sa forme extérieure, par lesquelles l'éclat de sa splendeur métallique est brisée, et en apparence diminuée. Si ces conjectures sont bien fondées, on pourra conclure que tous les métaux sont également propres à réfléchir de leurs surfaces les rayons qui y arrivent; et si les corps sont échauffés, et refroidis, par les rayons des corps environnants, on pourra conclure, non-seulement que de tous les corps connus, les métaux doivent s'échauffer et se refroidir le plus lentement, mais aussi qu'ils doivent tous s'échauffer et se refroidir avec le même degré de difficulté ou de lenteur.

Pour mettre ces conjectures à l'épreuve de l'expérience, je fis faire plusieurs vases cylindriques de la même forme et capacité, de différents métaux, et je trouvai en effet qu'ils se refroidissaient (et s'échauffaient) tous dans le même temps. Il y en avait de cuivre jaune, d'étain, de plomb, et d'autres couverts de minces feuilles d'or, et d'argent : tous ces différents vases avaient quatre pouces de diametre, sur quatre pouces de haut; et quand ils furent remplis d'eau bouillante, et exposés en hiver dans l'air tranquille d'une grande chambre, ils parcoururent tous l'intervalle de refroidissement donné, de 10 degrés, en 45 à 46 minutes.

Cette égalité de susceptibilité de refroidissement et d'échauffement que possedent tous les métaux, est certainement très-remarquable, et il me paraît fort difficile de l'expliquer sans adopter la supposition que la chaleur est communiquée par le moyen des rayonnements.

Comme on pourrait peut-être soupçonner qu'une couche d'air, attachée par une attraction quelconque aux surfaces de tous ces vases métalliques, pourrait avoir été cause de cette égalité apparente de susceptibilité de refroidissement; pour éclaircir ce doute, je fis les expériences suivantes.

Un des deux vases de cuivre jaune fut couvert premièrement d'une, ensuite de deux, puis de quatre, et enfin de huit couches de vernis à l'esprit de vin, et l'expérience avec les deux vases fut répétée avec chacune de ces couches. Pendant que le vase qui avait sa surface nue se refroidissait toujours *de l'intervalle de température en question* (de 10 degrés) en 45 minutes, l'autre vase, qui était vernissé, se refroidissait plus ou moins vîte, selon l'épaisseur de la couche de vernis dont sa surface se trouvait couverte, mais toujours sensiblement plus vîte que le vase qui avait sa surface nue.

Avec une couche de vernis il se refroidissait en . . . . 31 min.

Avec deux couches, en . . . . 25 ½

Avec quatre couches, en . . . . 20 ¾

Et avec huit couches, en 24 (1)

Comme la couche d'air que l'on suppose avoir été attachée à la surface de ce vase quand sa surface métallique n'était point couverte de vernis, devait avoir été aussi complétement chassée par *une* couche de vernis que par *deux*, ou un plus grand nombre de couches, il paraît fort difficile d'accorder les résultats de ces expériences avec la supposition qu'une couche d'air, attachée aux surfaces de tous les vases construits des différents métaux, fût la cause qu'ils se refroidissaient tous avec la même lenteur.

(1) Dans les expériences faites avec différentes couches de vernis, dont j'ai rendu compte dans le Mémoire qui fut présenté à la Société Royale de Londres, les extrémités du vase métallique employé furent couvertes par des enveloppes chaudes, et les temps du refroidissement de l'appareil ont été plus longs : ici, les extrémités du vase sont supposées être à découvert, comme sa paroi verticale.

Ayant répété l'expérience avec un vase de verre, et un vase de fer-blanc, de forme et de capacité égales, je trouvai que le vase de verre se refroidissait beaucoup plus rapidement, dans l'air, que le vase de fer-blanc, nonobstant que les parois du premier étaient six fois plus épaisses que les parois de ce dernier.

Dans l'eau, ce fut le vase de fer-blanc qui se refroidissait le plus rapidement.

Les résultats de toutes ces expériences, et d'un grand nombre d'autres, qu'il serait trop long de détailler ici, m'ayant fait voir que la facilité avec laquelle un corps est échauffé ou refroidi, dépend beaucoup de la nature de sa surface, ces opérations étant plus lentes, et plus difficiles, à proportion que la surface du corps est plus propre à réfléchir les rayons qui la frappent; je fus impatient de soumettre la théorie de la chaleur que j'avais adoptée, à la plus forte des épreuves, en l'employant pour expliquer quelques-uns des grands et intéressants phénomenes de la nature.

C'est bien près de nous que se trouve un phénomene des plus intéressants, et qui, très-certainement, est fait pour exciter toute notre curiosité.

Les hommes qui habitent les pays chauds, sont *noirs*, pendant que ceux qui habitent les climats froids, sont *blancs*.

Quels sont les avantages que les negres tirent de leur couleur, qui les rend plus propres que les blancs à supporter sans inconvénient les chaleurs excessives de leur climat brûlant?

Dans l'acte de la respiration, une grande quantité de chaleur est nécessairement excitée dans les poumons, dans tous les climats ; et quand un homme est placé dans une situation où l'air, et tous les corps qui l'environnent, sont presque aussi chauds que son sang, il faut que la surface de son corps soit construite de maniere à être très-facilement refroidie ; sans cela, les rayons, peu frigorifiques, qui lui arrivent des corps environnants, ne suffisant point pour le débarrasser de la chaleur excitée continuellement dans ses poumons, il se trouverait bientôt opprimé et accablé par l'accumulation de cette chaleur.

Dans un pays froid, où le refroidissement de la surface du corps par les corps froids environnants se trouve plus que suffisant pour contrebalancer l'échauffement continuel qui résulte de la respiration, on peut garantir le corps de leur trop grande action frigorifique, par des vêtements; mais nous ne connaissons point de vêtement qui soit propre à faciliter suffisamment le refroidissement du corps humain, dans un climat très-chaud.

Qu'a fait la nature pour suppléer à ce défaut? Elle a donné aux habitants des pays chauds une peau *noire*; cette couleur donne au negre une telle facilité de refroidissement, qu'il se trouve tout-à-fait à son aise dans une situation où un blanc serait accablé de chaleur; mais en revanche, le negre frissonne de froid, dans un climat que le blanc trouve parfaitement agréable.

Il est connu de tout le monde qu'une surface noire réfléchit beaucoup moins de rayons de lumiere qu'une surface blanche ; et les résultats de toutes mes expériences, et de celles des autres, paraissent prouver que les surfaces qui sont propres à réfléchir la lumiere, sont aussi propres à réfléchir les rayons calorifiques ou frigorifiques que tous les corps envoient continuellement de leurs surfaces, et si la température d'un corps est chargée en conséquence de l'action des corps environnants, communiquée par leurs rayonnements, on voit clairement pourquoi un negre souffre moins de la chaleur, entre les tropiques, et plus du froid, dans les régions polaires, qu'un homme qui a la peau blanche.

Mais quand le negre s'expose à l'action des rayons calorifiques, aux rayons du soleil, par exemple, ne doit-il pas être plus échauffé qu'un homme blanc? Il le serait sans doute, si la nature n'avait prévu le danger, et pourvu aux moyens d'empêcher le mal.

Quand le negre s'expose aux rayons du soleil, une matiere huileuse se fait voir aussitôt sur la surface de sa peau, qui la rend luisante : les rayons calorifiques qui la frappent, sont, en grande partie, réfléchis; et il se trouve peu échauffé.

Le soleil se couche, ou le negre rentre dans sa cabane; l'huile qui couvre la surface de son corps rentre sous la peau, et il reste avec tous les avantages que sa couleur lui donne pour faciliter son refroidissement.

Si une couche d'huile sur la peau sert à défendre le corps de l'action trop intense de rayons calorifiques, elle doit servir aussi, sans doute, pour défendre de l'action trop intense des rayons frigorifiques, dans les pays très-froids, sur-tout en hiver, quand le soleil ne se leve point; mais les Lapons ne se couvrent-ils pas d'huile?

Dans une question d'un si haut intérêt, j'ai desiré ne rien laisser de ce qui pourra servir à l'éclaircir.

Voici une expérience qui m'a paru mettre les faits principaux hors de doute.

Ayant couvert deux de mes vases cylindriques d'une substance animale, de la peau très-mince dont se servent les batteurs d'or, je peignis l'un en noir, avec de l'encre de la Chine, laissant à l'autre sa couleur naturelle, blanche, et ayant rempli les deux vases d'eau chaude, je les laissai en même-temps, se refroidir, dans l'air tranquille d'une grande chambre.

Le vase couvert d'une peau noire représentait un negre; le vase couvert d'une peau blanche représentait un homme blanc.

Le negre se trouvait être refroidi sensiblement plus vîte que le blanc : il parcourait les 10 degrés de refroidissement qui faisaient l'intervalle de comparaison, en 23 $\frac{1}{2}$ min., pendant que le blanc employait 28 min. à le parcourir.

Cette intéressante expérience fut faite à Munich, le 26 mars 1803. Ses résultats n'ont pas besoin d'éclaircissement, et je laisse aux physiologistes et aux médecins à décider quels sont les avantages que l'on peut en tirer pour la conservation de la santé des hommes *blancs* qui sont appelés à habiter les pays chauds.

OBSERVATIONS

SUR LES PUITS

QUI SE FORMENT EN ÉTÉ DANS DE GRANDES MASSES SOLIDES DE GLACE, AUX GLACIERS DE CHAMOUNY,

AVEC DES REMARQUES

Sur la Propagation de la Chaleur dans les Liquides ;

Traduction d'un Mémoire présenté à la Société Royale de Londres, au mois de novembre de l'année 1803.

DANS une excursion que je fis au mois d'août de l'année derniere aux glaciers de Chamouny, avec madame Lavoisier, et le professeur Pictet de Geneve, j'eus occasion d'observer, sur ce qu'on appelle la *mer de glace*, un phénomene qu'on me dit être très-commun dans ces régions élevées et froides, mais qui était absolument nouveau pour moi, et qui attira fortement mon attention. A la surface d'une masse solide de glace, fort épaisse, et d'une vaste étendue, nous remarquâmes un creux ou puits, parfaitement cylindrique, d'environ sept pouces de diametre, et profond de plus de quatre pieds, rempli d'eau jusques au haut. En sondant l'intérieur du puits avec un bâton, je trouvai que ses côtés étaient polis, et le fond de forme hémisphérique, et bien terminé. L'axe du puits n'était pas parfaitement vertical, mais il s'inclinait un peu vers le midi en descendant ; et à raison de cette inclinaison, la section horisontale du puits n'était pas un cercle, mais une ellipse.

J'appris de nos guides, qu'on rencontre fréquemment ces trous cylindriques dans les parties horisontales du glacier ; qu'ils se forment en été, en acquérant de la profondeur à mesure que la chaleur de la saison continue ; mais qu'au retour de l'hiver, l'eau se congele de nouveau dans leur intérieur, et ils disparaissent.

Je demande à ceux qui soutiennent que l'eau est un *conducteur de chaleur*, comment ces puits se forment ? — On l'explique aisément, si l'on suppose qu'il n'y a pas de communication directe de chaleur entre des molécules voisines de ce fluide qui se trouvent être à des températures différentes ; mais il me paraît inexplicable dans toute autre hypothese.

La masse d'eau tranquille dont le puits est constamment rempli, doit être nécessairement à la température de la congélation ; car elle est environnée de glace de tous côtés (sauf la petite surface en contact avec l'air). Mais la profondeur du puits augmente pendant tout l'été. D'où vient cette chaleur qui fond la glace continuellement, au fond de la cavité cylindrique ? Comment se fait-il que cette chaleur n'agisse que sur le fond, et non sur les parois du puits ?

Il me semble que ces singuliers phénomenes peuvent s'expliquer de la maniere suivante :

Les vents chauds qui, pendant l'été, soufflent sur la surface de cette colonne d'eau, froide à la glace, doivent nécessairement communiquer quelque léger degré de chaleur aux particules du liquide avec lesquelles cet air chaud se trouve être en contact immédiat. Les particules du liquide à la surface, ainsi réchauffée, deviennent spécifiquement plus pesantes par ce petit changement dans leur température, et descendent lentement jusqu'au fond, où arrivant en contact avec la glace, elles lui communiquent leur excès de chaleur, qui liquéfie quelque peu de cette même glace; et c'est ainsi que la dimension du puits s'accroît dans le sens vertical seulement (1).

Cette opération naturelle ressemble exactement à celle qui eut lieu dans l'une de mes expériences, dont j'ai rendu compte dans mon Essai sur la propagation de la chaleur dans les fluides (*voyez expérience* n° 17) (2), dont personne, que je sache, n'a

(1) « *The warm winds which in summer blow over the surface* « *of this column of ice-cold water, must undoubtedly commu-* « *nicate some small degree of heat to those particles of the fluid* « *with which this warm air comes into immediate contact; and* « *the particles of the water, at ihe surface, so heated, being* « *rendered specifically heavier than they were before, by this* « *small increase of temperature, sink slowly to the bottom of* « *the pit, where they come into contact with the ice, and com-* » *municate to it the heat by which the depth of the pit is conti-* « *nually increased.* »

(2) Voyez mon *septieme* Essai, vol. II, page 248; aussi Bibl. Brit. tome V, page 134 et suiv.

encore expliqué le résultat d'une maniere satisfaisante.

Il y a un autre phénomene naturel que je voudrais voir nettement expliqué par ceux qui refusent encore d'admettre les opinions que j'ai été contraint d'adopter, sur la maniere dont la chaleur se propage dans les fluides. *L'eau est constamment à la même température au fond de tous les lacs profonds, en toute saison, sans variation sensible.*

Ce fait seul me semble suffire à prouver que s'il y a quelque communication immédiate de chaleur entre des particules ou molécules d'eau voisines, c'est-à-dire de l'une à l'autre immédiatement, ou de proche en proche; cette communication doit être d'une lenteur si excessive, que l'on peut la considérer comme sensiblement nulle; c'est dans ces limites que je desire être entendu, lorsque je parle des fluides comme étant des *non-conducteurs de chaleur*.

En traitant de la propagation de la chaleur dans les fluides, je me suis borné jusqu'à présent à la recherche des faits, sans hasarder aucune conjecture sur la cause des phénomenes observés; mais les résultats d'expériences récentes, sur le rayonnement des corps chauds et des corps froids (expériences dont j'aurai dans peu l'honneur de rendre compte à la Société Royale) (1), ont jeté quelque

(1) Il s'agit du Mémoire précédent, envoyé à la Société Royale, au mois de décembre 1803.

lumiere

lumiere nouvelle sur la nature de la chaleur, et son mode de communication; et j'espere pouvoir faire voir *pourquoi* tous les changements de température dans les liquides *transparents* doivent nécessairement avoir lieu à leurs surfaces.

J'ai vu avec une satisfaction véritable, que plusieurs savants, à Londres et à Edimbourg, ont entrepris d'étudier les phénomenes de la propagation de la chaleur dans les fluides, et qu'ils ont imaginé un nombre d'expériences nouvelles et ingénieuses, dans le but d'éclaircir ce sujet. Si je me suis abstenu jusqu'à présent de faire connaître d'une maniere publique, que je me fusse occupé de leurs observations sur les opinions que j'ai mises en avant sur ce sujet, mon silence ne doit être attribué à aucun motif de nature à leur déplaire, mais à l'impossibilité où j'étais d'expliquer les résultats de mes propres expériences d'après des principes autres que ceux que j'avais été conduit à adopter, après mûre et calme délibération : c'était aussi parce que mes propres expériences me paraissaient être *au moins aussi probantes* que celles qu'on leur opposait; enfin, parce que je considérais les points principaux sur lesquels nous différions, relativement au passage de la chaleur dans les fluides, comme étant si clairement établis par les circonstances qui accompagnent plusieurs des grandes opérations de la nature, que ce témoignage ne me semblait pas courir le moindre risque d'être affaibli par des conclusions tirées d'expériences imparfaites, parmi lesquelles il y en avait d'extrêmement délicates, de l'aveu même de leurs auteurs.

Dans toutes nos tentatives pour propager la chaleur de haut en bas dans les liquides, celle qui se communique inévitablement aux parois des vases qui les contiennent, doit introduire beaucoup d'incertitude dans le résultat de l'expérience ; et quand ce vase est formé avec de la glace (1), le mouvement, de haut en bas, de l'eau provenant de la fusion de cette glace, produit dans le liquide des mouvements, et par conséquent, des inexactitudes dans les résultats, bien plus importantes encore, ainsi que ma propre expérience me l'a appris; et quand des thermometres plongés dans un liquide, à peu de distance de sa surface, acquierent de la chaleur par suite de l'application d'un corps chaud à la surface du liquide, ce fait n'est point une preuve décisive que la chaleur acquise par le thermometre soit communiquée par le liquide, de haut en bas, c'est-à-dire de molécule à molécule, ou de proche en proche; il est si loin de l'être, que ce fait ne prouve pas même que le thermometre reçoive du liquide ambiant la chaleur qu'il annonce; car il est possible (et rien ne prouve le contraire) que cette chaleur soit l'effet du rayonnement seul du corps chaud placé à la surface du liquide.

(1) Les expériences de M. Murray furent faites dans des vases formés de glace.

Dans les expériences dont mon *Essai sur la propagation de la chaleur dans les fluides* renferme les détails, j'ai fait reposer de grandes masses, c'est-à-dire un nombre considérable de livres d'eau, à la température de l'ébullition, pendant long-temps (trois heures), sur un gâteau de glace, dont une petite portion seulement se fondait dans cet intervalle; et en répétant l'expérience avec une quantité égale d'eau froide (c'est-à-dire à 41° F. = 4° $\frac{1}{10}$ R.), il y eut à-peu-près le double de glace fondue dans le même temps.

Dans ces expériences, les causes d'incertitude dont nous venons de parler n'existerent point.

Les résultats de ces expériences étaient certainement très-frappants, et les conclusions qui découlent naturellement de ces résultats m'ont toujours paru si évidents et incontestables, que je ne croyais pas qu'ils eussent besoin, ou d'éclaircissement, ou de confirmation.

Si l'eau est un conducteur de chaleur, comment arriva-t-il que la chaleur de l'eau bouillante ne put, pendant trois heures, atteindre le disque de glace sur lequel cette eau reposait, et dont elle n'était séparée que par une couche d'eau froide, épaisse d'un demi-pouce seulement?

Je voudrais que les physiciens qui repoussent les opinions que j'ai mises en avant, sur les causes de ce curieux phénomene, nous en donnassent une explication meilleure que celle que je me suis hasardé à offrir. Je voudrais aussi qu'ils nous disent comment il arrive que l'eau demeure constamment à la même température au fond de tous les lacs profonds; et sur-tout, comment se forment ces puits dont j'ai parlé, dans les masses immenses de glace solide et compacte, qui composent les glaciers de Chamouny.

Un physicien d'Edimbourg, M. Thompson, a fait une remarque qui m'a surpris, sur les expériences que j'avais imaginées pour chercher à rendre visibles les courants que fait naître dans les liquides l'application soudaine de la chaleur ou du froid. Il ne croit pas que les mouvements observés dans mes expériences, parmi les parcelles d'ambre jaune suspendues dans une solution de potasse dans l'eau, prouvassent l'existence de courants dans ce liquide : il se persuade que ces mouvements pouvaient être l'effet d'un changement dans la pesanteur spécifique de l'ambre, ou de l'air qui lui était adhérent.

Je suis fâché qu'on ait pu avoir assez peu d'idée de mon exactitude comme observateur, pour imaginer que j'eusse pû être aussi facilement induit en erreur ; car il n'y a sûrement rien de plus aisé que de distinguer le mouvement d'un solide suspendu dans un liquide équipondérant, entraîné par le mouvement de ce liquide formant un courant, de distinguer, dis-je, ce mouvement de celui d'un corps qui descend, ou monte, dans ce liquide, par l'effet de sa pesanteur, ou de sa légereté relative. Dans l'un des cas, le mouvement est uniforme; dans l'autre, il est accéléré; dans un courant, le solide peut être entraîné dans toutes sortes de directions, et même en suivant des lignes courbes; mais quand il tombe dans un liquide en repos, par l'effet de la pesanteur, ou lorsqu'il s'éleve par suite de sa légereté spécifique, il doit nécessairement se mouvoir dans une direction verticale.

Le fait est, que j'observai très-souvent, dans le cours de mes nombreuses expériences, les mouvements de petites particules de matieres de diverses sortes, qui se trouvent souvent dans l'eau, tels que M. Thompson les a décrits; mais loin *d'en conclure* qu'il existât des courants dans ce liquide, la cause de ces mouvements était tellement évidente, que je ne crus pas qu'il fût nécessaire d'en parler.

Je ne puis terminer ce Mémoire sans prier la Société Royale d'excuser la liberté que j'ai prise de lui soumettre ces remarques. J'ai toujours desiré éviter toute espece d'altercation; en conséquence je me suis toujours soigneusement abstenu de m'engager dans des disputes littéraires; et je tâcherai très-certainement de m'y soustraire à l'avenir.

Je dois répondre au public de l'exactitude des détails que j'ai donnés relativement à mes expériences; mais on ne pourrait raisonnablement attendre de moi que je répondisse à toutes les objections qu'on peut opposer aux conclusions que j'en ai tirées. J'éprouverai cependant une satisfaction réelle dans tous les temps, en voyant que mes opinions sont soumises à l'examen, et qu'on releve mes méprises ; car mon premier souhait, et mon desir le plus sincere, est de contribuer par mes recherches à l'avancement des connaissances utiles.

FIN.

Défauts constatés sur le document original

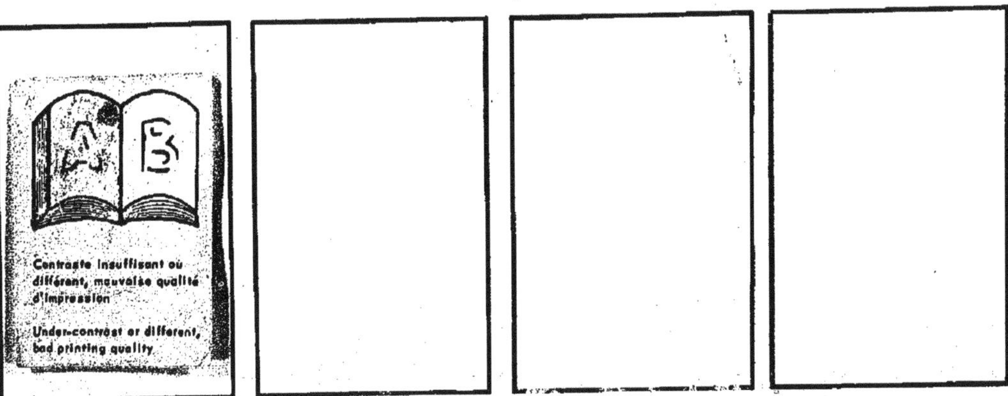

www.ingramcontent.com/pod-product-compliance
Ingram Content Group UK Ltd.
Pitfield, Milton Keynes, MK11 3LW, UK
UKHW020211250726
13967UKWH00003B/1406